本书由"十一五"国家科技支撑计划课题
"中国重大自然灾害孕险环境分析技术"（编号：2008BAK50B01）资助

中国城镇空间布局
适宜性评价

庄大方　江　东　徐新良　等　著

科学出版社

北京

内 容 简 介

本书介绍了在空间信息技术的支持下,研究城镇空间布局适宜性的理论与方法,重点阐述了我国城镇发展布局空间适宜性评价的关键技术与成果:利用标准化的多指标空间栅格数据,根据不同指标对城镇布局的影响程度,建立了各指标对城镇布局适宜性影响的评价标准,并在遥感和地理信息系统技术的支持下,对各地理因素对城镇布局的适宜性影响进行了评价和综合分析,可为中国未来城镇的发展及空间布局的选择提供科学的依据和策略。

本书可供城市生态环境评价、区域发展规划、GIS 应用等相关专业科研人员、大专院校师生和环境保护行业的业务人员参考。

图书在版编目 (CIP) 数据

中国城镇空间布局适宜性评价 / 庄大方等著. —北京:科学出版社,2012

ISBN 978-7-03-033139-7

Ⅰ. 中… Ⅱ. ①庄… Ⅲ. ①城市空间 – 空间规划 – 规划布局 – 适宜性评价 – 中国 Ⅳ. TU984. 2

中国版本图书馆 CIP 数据核字 (2011) 第 272552 号

责任编辑:李 敏 王晓光 / 责任校对:刘小梅
责任印制:徐晓晨 / 封面设计:耕者设计

科 学 出 版 社 出版
北京东黄城根北街 16 号
邮政编码: 100717
http://www.sciencep.com

北京京华虎彩印刷有限公司 印刷
科学出版社发行 各地新华书店经销

*

2012 年 2 月第 一 版 开本: 787 × 1092 1/16
2017 年 4 月第五次印刷 印张: 12 1/4
字数: 282 000
定价: 138.00 元
(如有印装质量问题, 我社负责调换)

前　　言

城市作为人口集中居住地，其空间布局的适宜性直接关系着未来城市的发展。为了深入分析地理因素对中国城镇布局的影响，同时找出现有城镇布局中潜在的限制地理因子，为新的城镇布局及发展提供借鉴，从宏观上加强对城镇发展、建设的引导和调控，促进我国城镇化进程的健康发展，在"十一五"国家科技支撑计划课题"中国重大自然灾害孕险环境分析技术"（编号：2008BAK50B01）、中国城市规划设计研究院委托课题"中国地理因素对城镇空间布局影响的适宜性评价"等项目支持下，我们对中国城镇空间布局的适宜性进行系统分析和研究，利用标准化的多指标空间栅格数据，根据不同指标对城镇布局的影响程度建立各指标对城镇布局适宜性影响的评价标准，并在遥感和地理信息系统技术的支持下，对各地理因素对城镇布局的适宜性影响进行评价和综合分析，为中国未来城镇的发展及空间布局的选择提供科学的依据和策略。

城镇空间布局其整体的组成、性质和变化规律，对人类生产及生存影响的等级构成，目的是为了保护、控制、利用和改造地理环境，使之同人类的生存发展及城市布局相适应。

本书是对上述工作成果的凝练，主要聚焦于水资源、土地资源、地质灾害等构成城市环境的相关地理要素及其整体的组成、性质和变化规律，揭示其对人类社会生产及城市化发展影响的等级构成，提出了一套可操作的城市发展布局适宜性评价方法，为城市化与水土资源利用的和谐发展提供了理论基础和方法。本书的研究内容涵盖了城镇发展布局适宜性评价各个关键环节，形成了城镇发展布局适宜性评价的完整的技术体系，包括单要素评价、自然地理要素评价和自然－人文综合要素评价等，同时以大量翔实的应用实例，既阐述了理论方法的精度和合理性，也为广大业务应用部门的技术人员提供了可参照的技术方法，具有很强的针对性和实用性。

本书由六部分组成：第1章介绍了城镇空间布局适宜性评价的思路与方法，主要由庄大方和江东编写；第2章阐述了全国尺度城镇空间布局适宜性评价，主要由江东、黄耀欢、胡云锋等编写；第3章详细叙述了区域城镇空间布局适宜性评价，主要由徐新良、杨小唤、高志强等编写；第4章以京津冀地区为例，介绍了重点地区城镇发展与水土资源保障分析的方法与案例，主要由江东、付晶莹和雷莹编写；第5章结合多面的研究实践，总结并提出了我国各大区域城镇发展的重要生态环境问题，主要由徐新良、王勇、刘保晓等编写；第6章对全书的主要内容进行了总结，主要由江东和徐新良编写。在适宜性评价工作过程中，由于国家基础地理信息中心、中国城市规划设计研究院等单位和中国科学院地理科学与资源研究所项目组共同努力，保障了评价工作的专业性和科学性，也保证了项目的顺利开展，在此对所有参加项目研究工作和对项目的顺利开展进行指导和帮助的专家、同仁表示由衷的感谢！

　　本书首次从空间布局适宜性的角度，综合自然－人文二元要素探讨城镇发展布局的方法和规律。由于问题的复杂性和作者认知的有限性，书中难免有不妥之处，欢迎广大读者批评指正。

庄大方

2011 年 11 月

目　　录

第1章　城镇空间布局适宜性评价的思路与方法

1.1　我国城市化的现状与趋势

城市的形成在我国已有几千年的历史，新中国成立后，我国城市化进程有过起伏和徘徊。改革开放以后，工农业生产迅速发展，经济基础日益增强，我国的城市化逐步走上持续、快速、健康发展的轨道，城市化水平持续、迅速提高。国家在"十二五"规划纲要中明确提出"坚持走中国特色城镇化道路，科学制定城镇化发展规划，促进城镇化健康发展"的城市战略发展方针。按照统筹规划、合理布局、完善功能和以大带小的原则，遵循城市发展客观规律，以大城市为依托，以中小城市为重点，逐步形成辐射作用大的城市群，促进大中小城市和小城镇协调发展，构建城市化战略格局；稳步推进农业转移人口转为城镇居民；坚持以人为本、节地节能、生态环保、安全实用、突出特色、保护文化和自然遗产的原则，科学编制城市规划，健全城镇建设标准，强化规划约束力，预防和治理"城市病"，增强城镇综合承载能力。进而优化城市化布局和形态，加强城镇化管理，不断提升城镇化的质量和水平。

中国是城市化发展相对落后的国家，1949 年城市化水平仅 10.6%。改革开放以后，城市化水平大幅度提升。1978～1996 年，中国城市化水平由 17.92% 提高到 30.48%，提高了 12.56 个百分点，年均增长 0.70 个百分点，是之前 29 年中国城市化速度的 2.5 倍，是世界同期城市化平均速度的两倍。1997～2008 年，城市化水平年均增幅 1.33%，是 1978～1996 年的两倍左右，城市化发展迅速（顾朝林，2010）。

2010 年国家统计局公布的数据显示，截至 2009 年年底，全国城镇化率已达 46.6%。根据城市化发展阶段的划分的标准，城市化水平在 30% 以下为城市化的初级阶段；30%～70% 为城市化的中期或快速推进阶段；70% 以上为城市化的缓慢发展或趋于稳定阶段。因此，中国城市化已进入加速发展期，与此同时，我国城市数量也从改革开放初期的 193 个增加到 661 个，包括直辖市 4 个，副省级城市（计划单列市）15 个，地级市 268 个，县级市 374 个。其中超大、特大城市已达 46 个，城市化水平显著提高，城市已成为我国国民经济发展的重要载体，城市经济对我国 GDP 的贡献率已超过 70%，综合实力进入前 10 名的城市分别是上海、北京、深圳、广州、天津、南京、大连、杭州、沈阳和哈尔滨（国家统计局，2011）。

在我国工业化中期经济高速发展的带动下，未来 20 年我国城市化将进入加速发展时期，城市化是我国未来 20 年经济高速发展的动力和目的。从国际形势看，适应经济一体化、全球一体化的发展趋势，并满足走城市化战略国际形势的要求。未来我国城市化发展将出现以下几个基本趋势：

（1）城市化水平迅速提高，城市在经济发展中的作用将进一步扩大。随着城市化进程加快，城市化水平迅速提高，城市数量不断增加，城市与区域的关系，包括经济联系、社会联系和空间结构都将发生重大变化。1980～2009年，我国的城市化水平由19.4%提高到46.6%，提高近27个百分点。但是，总体上看，我国的城市化严重滞后于工业化。未来我国的城市数量将迅速增加，城镇体系将进一步扩大，城市规模将不断扩大。由于人口众多，可用地少且分布不均，我国耕地资源一直十分紧张。随着人口，特别是农村人口的持续增长，人均耕地不断减少，人地矛盾日益尖锐，农业剩余劳动力达1.5亿左右，耕地不足成为城市化的重要推动因素。2005年中国科学院《中国可持续发展战略报告》预测，到2050年，中国城市人口总量将达到10亿～11亿，报告认为，为了支撑中国未来实现现代化的总体进程，从现在起到21世纪中期，中国城市化率将从40%提高到75%左右。这意味着只有每年平均增加约1%的城市化率（即每年约1000万～1200万人口从乡村转移到城市），才能满足现代化进程的总体要求（中国科学院可持续发展战略研究组，2005）。

（2）城市间的经济联系不断加强，大城市圈将成为区域经济发展的主导力量。我国未来有不少城市群可望发展成为大城市圈，如以北京、天津、大连为中心的环渤海城市群，以上海、苏州、无锡、南京、杭州、宁波等城市为中心的长江三角洲城市群，以广州、深圳、珠海、东莞、中山等城市为中心的珠江三角洲城市群。这些大城市圈将成为我国技术和制度创新的中心，以及先进制造业的基地。它们的形成将有力促进我国产业国际竞争力的提高，并对亚太经济乃至世界经济的发展产生巨大影响。

（3）城市发展与资源环境支持条件的矛盾加剧。随着城市人口的迅速增加、工业化水平的不断提高和城市可持续利用资源相继减少，城市经济发展和城市生态环境容量之间的矛盾越来越突出。我国目前城市资源供给量普遍短缺，加之城市资源利用效率普遍较低，已成为影响我国城市可持续发展的最大挑战之一。从城市水资源看，约有420多个城市缺水，其中114个严重缺水，全国城市日缺水量达1600万 m^3，年缺水量60亿 m^3，这种状况随着城市社会经济的进一步发展而日益严峻（王华，2003；余卫东等，2003；高云才，2006；沈金金等，2007）。从城市土地资源看，改革开放以来，随着我国城镇数量和规模的不断增加，城市用地规模迅速增加，城市扩展空间日益紧张，城市进一步吸纳人口的压力加大。同时，城市用地结构不合理问题比较突出，表现在工业用地比例偏高，而公共绿地及公共配套设施用地比例偏低，以城市人口计，我国2008年城市人均公共绿地仅42.54m^2，人均道路用地仅9.01m^2（国家统计局城市社会经济调查司，2010），比发达国家低得多。

1.2 城市化与区域水土资源配置

城市化一般是指在工业化发展过程中，一个国家的人口逐步由农业人口占多数转变为非农业人口占多数，由居住在农村占多数转变为居住在城镇占多数，该国由农业国转变为工业国，由农业社会转变为城市社会的经济社会发展过程（李兵弟，2004）。主要表现为城市数量的增加、城市规模的扩大，以及城市人口在总人口中所占的比重上升，一般以城市人口占区域总人口的百分比（城市化率）作为城市化的量化指标。广义的城市化还包括城市经济、思想、文化、习俗等对农村社会的渗透和影响等内容。城市化是当今世界最显著的社会经济现象之一，城市化是区域社会经济发展到一定阶段的必然产物。从生态经济系统的角度看，城市化是一定区域内资源的大规模转换与集聚过程，其显著的特征在于打破以农业为主的传统生态结构，而出现人口集中、产业集聚和用地扩张等现象（郑宇和冯德显，2002）。

"一方水土养一方人"，水是生命之源，土是生存之本。水土资源是人类生存与繁衍和经济与社会的持续发展最基本的资源。区域水土资源作为生产与生活要素，其分布状况及时空变化对城市化的速度和程度具有举足轻重的影响。水资源和耕地同时又是一种持续性资源，只要合理利用，它可以永续地使用，而不致枯竭。但水土资源的有限性又注定了水资源和耕地利用的有限性。因此，水和耕地资源的有限性就决定了对其开发利用有根本性的制约，其开发利用只能在有限的资源数量上做文章，使有限的资源发挥出最大的作用，为可持续发展提供坚实的物质基础，以满足人口增长和经济社会发展的需要（张岳，2000）。

水土资源是城市化的基础和载体，城市化是区域资源条件的外在表象，二者之间存在着互动互馈的关系。水土资源是区域生态经济系统中具有基础性、战略性和敏感性的因素，也是城市化发展必须依赖的重要物质基础。城市化发展在促进城市人口、经济集聚，以及城市和城市体系的空间形态高级化进程的同时，也促使有限的水土资源由粗放利用逐步转向集约利用。随着城市化水平提高，工矿向园区、农民向城镇的集中布局，对城乡土地利用类型转换和土地利用效率提高产生显著的影响。在此过程中，集聚经济与水土资源生态阈值之间互动互馈机制是水土资源集约利用的内在驱动力，而适度消费的社会观念、技术进步和制度完善构成了水土资源趋向集约与持续利用的基本前提（郑宇和冯德显，2002）。

我国正处于城市化加速发展阶段，特别是改革开放以来，城市化的进程更是引人注目。改革开放以来，城市化水平已从 1980 年的 19.4% 提高到 2009 年的 46.6%；同时我国幅员辽阔，区域间水土资源禀赋及人文社会基础的差别造成了城市化水平的显著差异。随着城市化水平的快速提高，工业规模、人口集聚规模增大，水资源、土地资源的经济供给对城市化进程的约束作用显现出来，主要表现为土地利用在"吃饭"与"建设"上的供求矛盾问题、城市用水需求量迅速增长与有限的供水能力之间的矛盾。因此，研究水土资源时空变化对城市化的影响，对于水土资源总量约束和协调配置、促进城市化健康发展和水土资源可持续利用的决策，无疑具有重要的理论价值和实践意义。

1.3 城镇空间布局适宜性评价的目的与内容

随着全球人口的增加、土地的减少和环境的恶化，地球已不堪重负，许多地方已显得十分拥挤。城市作为具有公用设施的人口集中居住地，其空间布局的适宜性直接关系着未来城市的发展。为了深入分析地理因素对中国城镇布局的影响，利用和保护我国有限的土地资源和利用土地后备资源，同时找出现有城镇布局中的潜在的限制地理因子，为新的城镇布局及发展提供借鉴，利用标准化的多指标空间栅格数据，根据不同指标对城镇布局的影响程度建立了各指标对城镇布局适宜性影响的评价标准，并在 GIS 软件的支持下，对各地理因素对城镇布局的适宜性影响进行了评价和综合分析，为中国未来城镇的发展及空间布局的选择提供科学的依据和策略。

评价工作涉及的地理因素包括自然和社会两方面，主要有：地形地貌因子（高程、地貌、坡度）、气候（>0℃积温、>10℃积温、湿润度）、水文及水资源、交通人口（铁路、公路、人口密度）、居民点、土地利用、土壤侵蚀、地质灾害等地理因素指标。

地理因素对城镇布局的适应性评价是指研究构成城市环境的各种地理要素及其整体的组成、性质和变化规律，对人类生产及生存影响的等级构成，其目的是为了保护、控制、利用和改造地理环境，使之同人类的生存发展及城市布局相适应。

1.4 城镇空间布局适宜性评价的技术流程

1.4.1 评价单元的确定

基于评价数据的基础上，根据中国地理环境特点及中国行政分界的完整性，同时为了方便对评价结果分区分析，借助部分行政界线，尽可能照顾自然地理单元的完整性，评价时基于以下分区，一级分区为：①东部平原丘陵湿润区；②中部山地高原半干旱区；③西部高原盆地干旱区。

同时在一级分区的基础上进行二级分区，二级分区命名如下。

（1）东北平原山地湿润区；

（2）华北平原山地湿润区；

（3）长江中下游平原丘陵湿润区；

（4）华南丘陵山地湿润区；

（5）内蒙古高原半干旱区；

（6）黄河中游高原半干旱区；

（7）西南丘陵盆地湿润区；

（8）新疆盆地干旱区；

（9）青藏高原高寒区。

基于一级分区在全国层面上对地理因素对城镇空间布局的适宜性进行评价和分析，在二级分区的基础上对地理因素对城镇空间布局的适宜性进行评价和分析。对评价结果中的连续数据分级进行合并，合并成四级城镇布局适宜程度，即不适宜、较不适宜、适宜和高度适宜。

1.4.2 评价方法和指标体系

影响城镇布局的地理环境因子是多方面的，包括自然和社会两方面。在众多的因子中，不可能面面俱到，只能抓主要矛盾选出其中关键的因子，用于城镇布局地理环境评价。指标群的选取是为了全面反映研究目标，而指标体系的建立则是为了科学性、系统性地实现城镇布局地理环境评价的目标。城镇布局所依赖的地理环境是大气圈、水圈、岩石圈、生物圈相互作用的结果，也是人类作用于自然环境最直接的媒体，人类的一切生存活动包括吃、穿、住、行都离不开地理环境。

因此，在评价过程中我们将地理要素对城镇空间布局的适宜性评价分为两部分：①地理要素对城镇空间布局适宜性影响的综合评价，简称综合评价；②地理要素对城镇空间布局适宜性影响的专题评价，简称专题评价。

1. 专题评价方法和指标体系

1）评价指标体系

地理要素对城镇空间布局适宜性影响的专题评价包括：地理因素对人类居住地的适宜性评价和地理因素对城镇发展的生态限制性评价。所选用的指标主要包括：高程、年平均降水量、≥0℃积温、≥10℃积温、土地利用类型、土壤侵蚀、坡度、地貌、森林、自然保护区、湿地、河湖水体、基本农田保护区和地质灾害。各指标的评价标准见表1-1和表1-2。

表 1-1 人类居住地的适宜性评价准则表

评价因子	不适宜	较不适宜	适宜
高程	>4000m	2000~4000m	<2000m
年平均降水量	<50mm	50~200mm	>200mm
≥0℃积温	<500℃	500~1500℃	其他
≥10℃积温	<0℃	无	>0℃
土地利用类型	沙地、戈壁、盐碱地、沼泽地、冰川和永久积雪、水体、滩涂	有林地、高覆盖草地	其他
土壤侵蚀	剧烈与极强度风力侵蚀、强度冻融侵蚀、剧烈与极强度水力侵蚀	中度冻融侵蚀、强度风力侵蚀、强度水力侵蚀	其他
坡度	>15°	5°~15°	<5°
地貌	极大起伏山地、沙丘、雪域高原	大起伏山地、喀斯特山地、梁峁丘陵、高丘陵、高台地、中台地、微高地和其他高原	中起伏山地、小起伏山地、中丘陵、低丘陵、喀斯特丘陵、低台地、起伏平原、倾斜平原、平坦平原和微洼地

表 1-2 城镇发展的生态限制性评价指标及准则表

评价指标	不适宜建设区	较不适宜建设区	适宜建设区
森林	存在（有林地）	无	无
自然保护区	存在	自然保护区周围10km的缓冲区	无

评价指标	不适宜建设区	较不适宜建设区	适宜建设区
湿地	存在	无	无
河湖水体	存在	无	无
地形（坡度）	>15°	5°~15°	<5°
基本农田保护区	存在（基本农田保护区定义为城镇周围10km、农村居民点周围5km范围内的平原耕地）	无	无
土壤侵蚀	剧烈与极强度风力侵蚀、强度冻融侵蚀、剧烈与极强度水力侵蚀	中度冻融侵蚀、强度风力侵蚀、强度水力侵蚀	其他
地质灾害	滑坡、崩塌为主、泥石流为主	地裂缝为主、崩雪为主、水土流失强烈、冻融强烈、地面沉降为主、岩溶塌陷为主和矿区塌陷为主	水土流失中等、冻融中等、土地盐碱化中等、土地沙漠化中等、河源库港口淤积为主、弱或不发育期

2）评价方法

评价过程中利用各指标 1km 空间栅格数据，根据每一指标的评价标准确定每个栅格该指标对人类居住地的影响类型（不适宜、较不适宜、适宜或禁止建设区、限制建设区和适宜建设区），并制作各指标对人类居住地影响类型的空间分布图。在综合评价各指标的影响类型时，对人类居住地适宜性的综合评价，首先确定适宜区和不适宜区（适宜区确定的标准是八种评价指标均适宜，而不适宜区确定的标准是八种指标中只要有一种指标不适宜），其他区均作为较不适宜区。对城镇发展生态限制性的综合评价与对人类居住地适宜性的综合评价相似，先确定适宜建设区和禁止建设区（适宜建设区确定的标准是八种评价指标均适宜，而禁止建设区确定的标准是八种指标中只要有一种指标不适宜），其他区均作为限制建设区。

2. 综合评价方法和指标体系

1）评价指标体系

在综合评价指标群的选择中，为了达到地理环境对城镇布局的适应性评价的目的，选择了水热、地形地貌、水文水资源、交通人口和土地利用及居民点五组指标（Collins et al.，2001；Aly et al.，2005）。

（1）水热：选择了年 >0℃ 积温和湿润度两个指标；

（2）地形地貌：选择了平均海拔、坡度和地貌类型三个指标；

（3）水文水资源：选择了河网密度和水资源两个指标；

（4）交通人口：选择了铁路、公路和人口三个指标；

（5）土地利用及居民点：选择了土地利用和居民点两个指标。

各因素指标的量化分级标准见表1-3至表1-8。

表1-3　地形地貌因子量化分级

评价因子及权重系数	高度适宜	适宜	较不适宜	不适宜	极不适宜
量化数值	5	4	3	2	1
高程 $a_1 = 0.37$	0～350m	351～1000m	1001～2000m	2001～4000m	>4000m 或 <0m
地貌 $a_2 = 0.53$	43	41, 42, 44, 45	21, 24, 31, 32, 33	14, 15, 25, 22, 23, 51, 52	11, 12, 13, 26
坡度 $a_3 = 0.10$	0	1°～3°	4°～10°	11°～15°	>15°

注：地貌代码表示，11为极大起伏山地、12为大起伏山地、13为中起伏山地、14为小起伏山地、15为喀斯特山地、21为梁峁丘陵、22为高丘陵、23为中丘陵、24为低丘陵、25为喀斯特丘陵、26为沙丘、31为高台地、32为中台地、33为低台地、41为起伏平原、42为倾斜平原、43为平坦平原、44为微洼地、45为微高地、51为雪域高原、52为其他高原。

表1-4　气候因子量化分级

评价因子及权重系数	高度适宜	适宜	较不适宜	不适宜	极不适宜
量化数值	5	4	3	2	1
0℃积温 = 0.33	>5000℃	3001～5000℃	1501～3000℃	501～1500℃	<500℃
湿润度 = 0.67	>10	−10～10	−49～（−10）	−60～（−50）	<−60

表1-5　水文水资源因子量化分级

评价因子及权重系数	高度适宜	适宜	较不适宜	不适宜	极不适宜
量化数值	5	4	3	2	1
河网密度指数 = 0.33	>100	100	11～99	1～10	0
产水模数 = 0.67	>45	16～45	3～15	1～2	0

表1-6　交通人口因子量化分级

评价因子及权重系数	高度适宜	适宜	较不适宜	不适宜	极不适宜
量化数值	5	4	3	2	1
铁路 = 0.25	>60m/km²	31～60m/km²	1～30m/km²	0m/km²	0m/km²
公路 = 0.13	>100m/km²	51～100m/km²	1～50m/km²	0m/km²	0m/km²
人口 = 0.62	>300 人/km²	101～300 人/km²	1～100 人/km²	0 人/km²	0 人/km²

表1-7　居民点分级

评价因子	高度适宜	适宜	较不适宜	不适宜	极不适宜
量化数值	5	4	3	2	1
居民地	51	51 周围 1km 的辐射范围	51 周围 1～2km 的辐射范围、52、53	52、53 周围 1km 的辐射范围	无

注：51 为城镇用地、52 为农村居民地、53 为其他建设用地。

表1-8　土地利用量化分级

评价因子	高度适宜	适宜	较不适宜	不适宜	极不适宜
量化数值	5	4	3	2	1
土地利用	建设用地	耕地	林地草地	水域	未利用土地

2）评价权重系数的确定

在环境评价中，指标权重的确定是整个评价过程中不可缺少的一步，它是关系到评价结果是否与实际相符的关键一环。权重的定义是在所考虑的群体或系列中赋予某一项目的相对值，具有随机性和模糊性的双重特性。

传统的确定权重的方法有两大类，群体方法和个体方法。群体方法是通过对一定数量有关专家的调查咨询，取得测试样本资料，然后进行统计分析，求出因素的权重分配，此法完全体现了权重的随机性和模糊性，是确定权重因子较常用的方法，但因专家群体很难选定，测试样本也很难收齐，在实际工作中存在着很大的困难。个体方法就是由决策者个人根据因素在系统中的客观地位，判定确定权重分配方法。此时权重只具模糊性，不存在随机性，只可能用于初步方案的拟订。近年来因数学方法的发展，人们将层次分析法（the analytic hierarchy process，AHP）引入了权因子的确定中，避免了以上两种方法的不足。此法理论严谨，便于操作，它是在定性方法基础上发展起来的确定因素权重的一种科学方法，由美国运筹学家 T. L. Saaty 于 20 世纪 70 年代提出的一种定性与定量相结合的决策方法，它是一种将决策者对复杂系统的决策思维过程模型化、数量化的过程（Saaty，1990；2003）。应用此方法，决策者通过将复杂问题分解为若干层次和若干因素，在各因素之间进行简要的比较和计算，就可以得出不同方案的权重（Verburg et al.，1999）。

AHP 确定因子权重的具体步骤分为三步。

（1）确定目标和评价因子 U：构造判断矩阵。以 A 表示目标，U_i 表示评价因素，$U_i \in U$（$i = 1, 2, 3, \cdots, n$），U_{ij} 表示 U_i 对 U_j 的相对重要性数值（$j = 1, 2, 3, \cdots, n$），U_{ij} 的取值见表1-9。

表1-9　判断矩阵标度及其含义

标度	含义
1	表示因素 U_i 与 U_j 比较，具有同等重要性
3	表示因素 U_i 与 U_j 比较，U_i 比 U_j 稍微重要
5	表示因素 U_i 与 U_j 比较，U_i 比 U_j 明显重要

续表

标度	含义
7	表示因素 U_i 与 U_j 比较，U_i 比 U_j 强烈重要
9	表示因素 U_i 与 U_j 比较，U_i 比 U_j 极端重要
2，4，6，8	分别表示相邻判断 1~3，3~5，5~7，7~9 的中值
倒数	表示因素 U_i 与 U_j 比较得判断 U_{ij}，则 U_j 与 U_i 比较得判断 $U_{ji} = 1/U_{ij}$

（2）计算重要性排序。根据 **A － U** 矩阵，求出最大特征根所对应的特征向量，所求特征向量即为各评价因素重要性排序，也就是权数分配。

（3）检验。用公式 CR = CI/RI 来检验，式中：CR 称为判断矩阵的随机一致性比较，当 CR < 0.10，即可认为判断矩阵具有满意的一致性，说明权数分配合理；RI 为判断矩阵的平均随机一致性指标，对于 1~9 阶矩阵，RI 值列于表 1-10 中；CI 称为判断矩阵的一般一致性指标，由下式给出

$$CI = (\lambda_{max} - n)/(n - 1) \tag{1-1}$$

表 1-10　判断矩阵的平均随机一致性指标

n	1	2	3	4	5	6	7	8	9
RI	0.00	0.00	0.58	0.90	1.12	1.24	1.32	1.41	1.45

根据以上 AHP 的原理及步骤，计算评价用的因子权重系数。

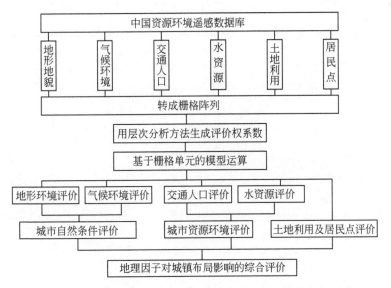

图 1-1　地理环境因子对城镇布局影响的综合评价技术流程图

3）基于数字环境模型的评价方法

地理环境是一个复杂的系统整体，各子系统相互影响、相互作用，数字栅格模型的建立是基于地理环境规律基础上，将整个地理环境分为几个子系统。它们是地形地貌子系

统、气候热量子系统、水文水资源子系统、交通人口子系统等。根据以上各子系统的相互关系，我们采用图1-1所示的评价流程，利用各指标的等级量值和权重系数，用如下模型进行评价

$$index = \sum_{i=1}^{n} W_i \times C_i \qquad (1-2)$$

式中，W为指标量值；C为对应指标的权重；i为某子系统的指标数。利用以上模型分别计算各子系统的评价分级数值，之后以四个子系统指数值为基础，加上居民点及土地利用对城市布局的影响，利用如下五步及权重生成评价结果数据。

（1）气候地形综合评价：fenv ＝ 0.67×fgeo（地形地貌）＋ 0.33×ecli（气候）；

（2）水资源及交通人口综合评价：fres ＝ 0.67×ewat（水资源）＋ 0.33×etranp（交通人口）；

（3）土地利用及居民点综合评价：flc ＝ 0.67×flu（土地利用因子）＋ 0.33×fcity（居民点）；

（4）地理因素综合评价：reva ＝ 0.53×fenv ＋ 0.37×flc ＋ 0.1×fres；

（5）各子系统的评价结果分类标准见表1-11。

表1-11 综合评价结果分类标准

评价分类	高度适宜	适宜	较不适宜	不适宜
气候地形综合评价	＞4	3～4	2～3	＜2
水资源及交通人口综合评价	＞4	3～4	2～3	＜2
土地利用及居民点综合评价	＞4	3～4	2～3	＜2
地理因素综合评价	＞4	3～4	2.4～3	＜2.4

第 2 章　全国尺度城镇空间布局适宜性评价

2.1　全国尺度城镇空间布局适宜性专题评价

2.1.1　人类居住地的适宜性评价

1. 高程对人类居住地适宜性的影响

从高程对人类居住地适宜性的影响的评价结果看（图 2-1），我国西部的青藏高原受高程制约明显，青藏高原海拔多超过 4000m，主要为不适宜人类居住地区，青藏高原的外缘，如横断山地、邛崃山、岷山、祁连山脉和阿尔金山脉，海拔为 2000～4000m，为较不适宜人类居住的地区；从各省（市、区）受高程制约的面积和比例看（表 2-1），不适宜人类居住区主要分布于西藏、青海。

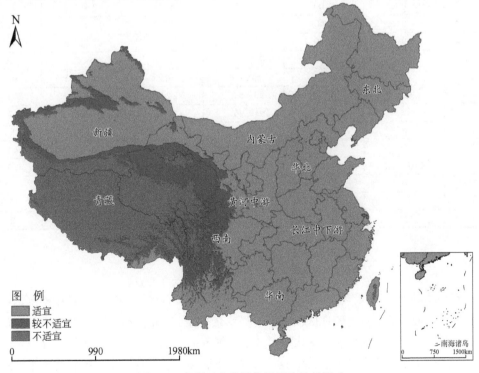

图 2-1　高程对人类居住地适宜性的影响

表2-1 受高程制约各省（市、区）人类居住地不同适宜性等级的分布

省 （市、区）	不适宜区		较不适宜区		适宜区	
	面积/万 hm²	比例/%	面积/万 hm²	比例/%	面积/万 hm²	比例/%
北京	0	0.00	0.00	0.00	163.86	100.00
天津	0	0.00	0.00	0.00	116.22	100.00
河北	0	0.00	1.31	0.07	1 870.90	99.93
山西	0	0.00	6.27	0.40	1 560.05	99.60
内蒙古	0	0.00	17.21	0.15	11 458.09	99.85
辽宁	0	0.00	3.05	0.21	1 450.89	99.79
吉林	0	0.00	1.72	0.09	1 907.52	99.91
黑龙江	0	0.00	4.07	0.09	4 522.95	99.91
上海	0	0.00	0.01	0.02	63.20	99.98
江苏	0	0.00	0.30	0.03	1 012.18	99.97
浙江	0	0.00	39.94	3.81	1 008.34	96.19
安徽	0	0.00	0.00	0.00	1 401.54	100.00
福建	0	0.00	10.59	0.87	1 207.22	99.13
江西	0	0.00	0.17	0.01	1 668.85	99.99
山东	0	0.00	1.54	0.10	1 542.96	99.90
河南	0	0.00	0.17	0.01	1 656.86	99.99
湖北	0	0.00	4.27	0.23	1 853.89	99.77
湖南	0	0.00	0.00	0.00	2 118.91	100.00
广东	0	0.00	12.22	0.69	1 758.20	99.31
广西	0	0.00	4.02	0.17	2 361.63	99.83
海南	0	0.00	0.71	0.21	337.14	99.79
重庆	0	0.00	2.39	0.29	822.24	99.71
四川	1 136	23.46	1 746.85	36.08	1 958.91	40.46
贵州	0	0.01	40.15	2.28	1 720.55	97.71
云南	44	1.15	957.63	24.99	2 830.37	73.86
西藏	10 728	89.26	919.44	7.65	371.38	3.09
陕西	0	0.01	25.92	1.26	2 031.20	98.73
甘肃	107	2.85	1 270.15	33.89	2 370.89	63.26
青海	4 071	56.80	3 084.61	43.04	11.47	0.16
宁夏	0	0.01	21.88	4.23	495.32	95.76
新疆	2 276	13.67	2 895.28	17.39	11 477.89	68.94
台湾	5	1.49	37.02	10.30	317.01	88.21

2. 年平均降水量对人类居住地适宜性的影响

从年平均降水量对人类居住地适宜性影响的评价结果看（图2-2），新疆中南部的塔克拉玛干沙漠，内蒙古的中央戈壁地区，年平均降水量少于50mm，不适宜人类居住；而新疆的大部和青藏、内蒙古的西北部年平均降水量小于200mm，较不适宜人类居住。其他东中部的绝大部分地区年平均降水量大于200mm，适宜人类居住。从各省（市、区）受年平均降水量制约的面积和比例看（表2-2），不适宜人类居住区主要集中于新疆、青海和甘肃。

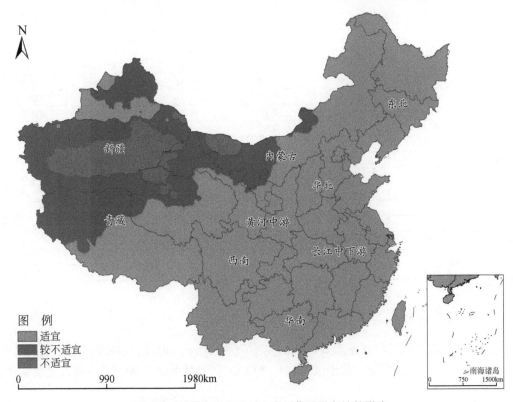

图 2-2　年平均降水量对人类居住地适宜性的影响

表 2-2　受高程制约各省（市、区）人类居住地不同适宜性等级的分布

省 （市、区）	不适宜区		较不适宜区		适宜区	
	面积/万 hm²	比例/%	面积/万 hm²	比例/%	面积/万 hm²	比例/%
北京	0.00	0.00	0.00	0.00	163.86	100.00
天津	0.00	0.00	0.00	0.00	116.22	100.00
河北	0.00	0.00	0.00	0.00	1872.21	100.00
山西	0.00	0.00	0.00	0.00	1566.32	100.00
内蒙古	719.50	6.27	2841.28	24.76	7914.51	68.97
辽宁	0.00	0.00	0.00	0.00	1453.94	100.00
吉林	0.00	0.00	0.00	0.00	1909.24	100.00
黑龙江	0.00	0.00	0.00	0.00	4527.03	100.00
上海	0.00	0.00	0.00	0.00	63.21	100.00
江苏	0.00	0.00	0.00	0.00	1012.48	100.00
浙江	0.00	0.00	0.00	0.00	1048.28	100.00
安徽	0.00	0.00	0.00	0.00	1401.54	100.00
福建	0.00	0.00	0.00	0.00	1217.82	100.00
江西	0.00	0.00	0.00	0.00	1669.02	100.00
山东	0.00	0.00	0.00	0.00	1544.50	100.00
河南	0.00	0.00	0.00	0.00	1657.02	100.00
湖北	0.00	0.00	0.00	0.00	1858.17	100.00
湖南	0.00	0.00	0.00	0.00	2118.91	100.00
广东	0.00	0.00	0.00	0.00	1770.42	100.00

续表

省 (市、区)	不适宜区		较不适宜区		适宜区	
	面积/万 hm²	比例/%	面积/万 hm²	比例/%	面积/万 hm²	比例/%
广西	0.00	0.00	0.00	0.00	2365.65	100.00
海南	0.00	0.00	0.00	0.00	337.85	100.00
重庆	0.00	0.00	0.00	0.00	824.64	100.00
四川	0.00	0.00	0.00	0.00	4841.59	100.00
贵州	0.00	0.00	0.00	0.00	1760.88	100.00
云南	0.00	0.00	0.00	0.00	3832.07	100.00
西藏	6.01	0.05	4981.79	41.45	7031.00	58.50
陕西	0.00	0.00	0.00	0.00	2057.33	100.00
甘肃	274.72	7.33	1323.74	35.32	2149.39	57.35
青海	682.28	9.52	1963.00	27.39	4521.56	63.09
宁夏	0.05	0.01	152.49	29.48	364.71	70.51
新疆	5239.47	31.47	9261.89	55.63	2147.73	12.90
台湾	0.00	0.00	0.00	0.00	359.38	100.00

3. ≥0℃积温对人类居住地适宜性的影响

从≥0℃积温对人类居住地适宜性的影响看（图2-3），0℃积温对人类居住地适宜性的影响主要集中在青藏高原，该地区的藏北高原≥0℃积温小于1500℃，不适宜人类居住，

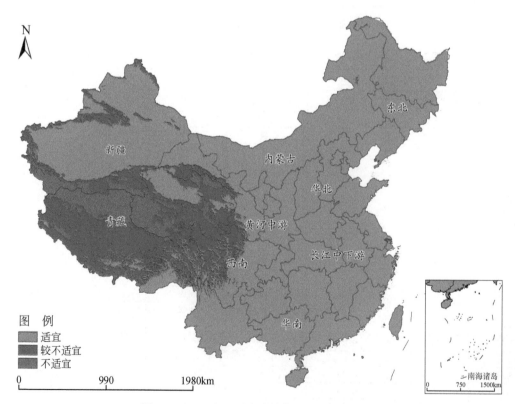

图2-3 ≥0℃积温对人类居住地适宜性的影响

而青藏高原的其他地区除了北部的柴达木盆地，≥0℃积温也都低于500℃，较不适宜人类居住。从各省（市、区）受≥0℃积温制约的面积和比例看（表2-3），不适宜人类居住区主要集中于西藏、青海，其次为新疆、四川。

表 2-3 受≥0℃积温制约各省（市、区）人类居住地不同适宜性等级的分布

省 （市、区）	不适宜区		较不适宜区		适宜区	
	面积/万 hm²	比例/%	面积/万 hm²	比例/%	面积/万 hm²	比例/%
北京	0.00	0.00	0.00	0.00	163.86	100.00
天津	0.00	0.00	0.72	0.62	115.50	99.38
河北	0.00	0.00	1.87	0.10	1 870.33	99.90
山西	0.00	0.00	1.25	0.08	1 565.07	99.92
内蒙古	0.00	0.00	22.95	0.20	11 452.35	99.80
辽宁	0.00	0.00	6.69	0.46	1 447.25	99.54
吉林	0.00	0.00	4.96	0.26	1 904.27	99.74
黑龙江	0.00	0.00	47.53	1.05	4 479.49	98.95
上海	0.00	0.00	1.33	2.10	61.88	97.90
江苏	0.00	0.00	6.99	0.69	1 005.50	99.31
浙江	0.00	0.00	25.26	2.41	1 023.01	97.59
安徽	0.00	0.00	0.00	0.00	1 401.54	100.00
福建	0.00	0.00	10.35	0.85	1 207.46	99.15
江西	0.00	0.00	0.00	0.00	1 669.02	100.00
山东	0.00	0.00	12.97	0.84	1 531.53	99.16
河南	0.00	0.00	0.00	0.00	1 657.02	100.00
湖北	0.00	0.00	0.19	0.01	1 857.98	99.99
湖南	0.00	0.00	0.00	0.00	2 118.91	100.00
广东	0.00	0.00	11.86	0.67	1 758.56	99.33
广西	0.00	0.00	6.15	0.26	2 359.50	99.74
海南	0.00	0.00	2.53	0.75	335.32	99.25
重庆	0.00	0.00	0.00	0.00	824.64	100.00
四川	152.51	3.15	1 693.59	34.98	2 995.49	61.87
贵州	0.00	0.00	0.00	0.00	1 760.88	100.00
云南	8.05	0.21	72.81	1.90	3 751.21	97.89
西藏	3 593.62	29.90	6 844.71	56.95	1 580.47	13.15
陕西	0.21	0.01	3.50	0.17	2 053.63	99.82
甘肃	132.67	3.54	611.27	16.31	3 003.90	80.15
青海	2 372.22	33.10	3 174.19	44.29	1 620.42	22.61
宁夏	0.00	0.00	0.21	0.04	517.05	99.96
新疆	1 648.26	9.90	2 269.27	13.63	12 731.57	76.47
台湾	0.00	0.00	3.67	1.02	355.71	98.98

4. ≥10℃积温对人类居住地适宜性的影响

从≥10℃积温对人类居住地适宜性的影响看（图2-4），青藏高原、祁连山脉以及新疆的天山山脉，≥10℃积温小于0℃，不适宜人类居住，而中国其他地区人类居住地的分布不受≥10℃积温的影响。从各省（市、区）受≥10℃积温制约的面积和比例看（表2-4），不适宜人类居住区主要集中于西藏、青海，其次为新疆、四川和甘肃。

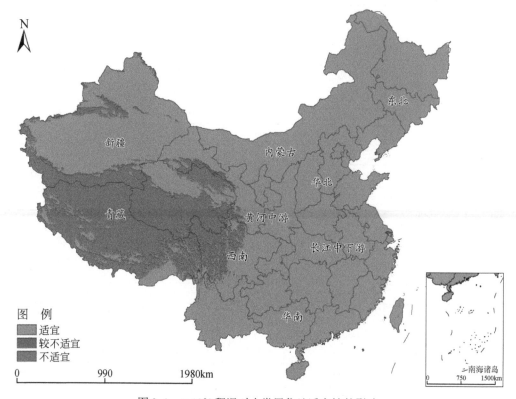

图2-4 ≥10℃积温对人类居住地适宜性的影响

表2-4 受≥10℃积温制约各省（市、区）人类居住地不同适宜性等级的分布

省 （市、区）	不适宜区		较不适宜区		适宜区	
	面积/万 hm²	比例/%	面积/万 hm²	比例/%	面积/万 hm²	比例/%
北京	0.00	0.00	0.00	0.00	163.86	100.00
天津	0.00	0.00	0.00	0.00	116.32	100.00
河北	0.00	0.00	0.00	0.00	1 872.31	100.00
山西	0.00	0.00	0.00	0.00	1 566.52	100.00
内蒙古	0.00	0.00	0.00	0.00	11 475.70	100.00
辽宁	0.00	0.00	0.00	0.00	1 454.02	100.00
吉林	0.00	0.00	0.00	0.00	1 909.29	100.00
黑龙江	0.00	0.00	0.00	0.00	4 526.76	100.00

续表

省 (市、区)	不适宜区		较不适宜区		适宜区	
	面积/万 hm²	比例/%	面积/万 hm²	比例/%	面积/万 hm²	比例/%
上海	0.00	0.00	0.00	0.00	63.14	100.00
江苏	0.00	0.00	0.00	0.00	1 012.59	100.00
浙江	0.00	0.00	0.00	0.00	1 048.23	100.00
安徽	0.00	0.00	0.00	0.00	1 401.61	100.00
福建	0.00	0.00	0.00	0.00	1 217.90	100.00
江西	0.00	0.00	0.00	0.00	1 669.03	100.00
山东	0.00	0.00	0.00	0.00	1 544.66	100.00
河南	0.00	0.00	0.00	0.00	1 656.99	100.00
湖北	0.00	0.00	0.00	0.00	1 858.32	100.00
湖南	0.00	0.00	0.00	0.00	2 118.66	100.00
广东	0.00	0.00	0.00	0.00	1 770.69	100.00
广西	0.00	0.00	0.00	0.00	2 365.94	100.00
海南	0.00	0.00	0.00	0.00	338.14	100.00
重庆	0.00	0.00	0.00	0.00	824.44	100.00
四川	1 665.50	34.40	0.00	0.00	3 176.07	65.60
贵州	0.00	0.00	0.00	0.00	1 760.80	100.00
云南	83.92	2.19	0.00	0.00	3 748.00	97.81
西藏	9 649.92	80.29	0.00	0.00	2 368.91	19.71
陕西	0.00	0.00	0.00	0.00	2 057.05	100.00
甘肃	511.97	13.66	0.00	0.00	3 236.00	86.34
青海	4 978.30	69.46	0.00	0.00	2 188.84	30.54
宁夏	0.00	0.00	0.00	0.00	516.99	100.00
新疆	3 071.80	18.45	0.00	0.00	13 577.53	81.55
台湾	0.00	0.00	0.00	0.00	359.51	100.00

5. 土地利用类型对人类居住地适宜性的影响

从土地利用类型对人类居住地适宜性的影响看（图 2-5），由于土地利用类型图斑空间分布较为复杂，使土地利用类型对人类居住地适宜性的影响空间分布也比较复杂，但总体呈现由东向西适宜性降低的趋势。新疆、内蒙古西部以及青藏高原的横断山脉地区，由于沙地、戈壁、盐碱地、沼泽地、冰川和永久积雪等不适宜人类居住的土地利用类型的存在，使该区大部分地区有不适宜人类居住地的分布。而东北平原、华北平原、黄河中游地区和四川盆地由于耕地大量分布，适宜人类居住。从各省（市、区）受土地利用类型制约的面积和比例看（表 2-5），不适宜人类居住区主要集中于新疆、青海、甘肃和内蒙古，不适宜人类居住区的面积分别占该省（区）面积的 64.90%、42.08%、35.35% 和 28.65%。

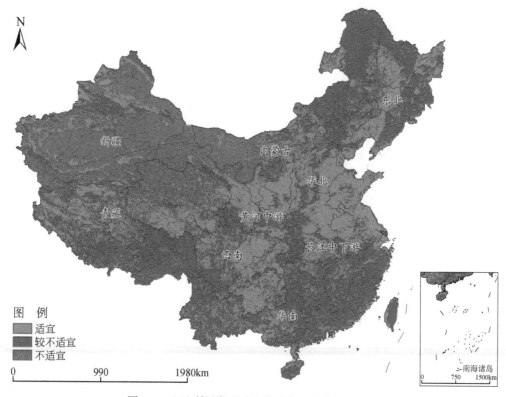

图 2-5　土地利用类型对人类居住地适宜性的影响

表 2-5　受土地利用类型制约各省（市、区）人类居住地不同适宜性等级的分布

省 （市、区）	不适宜区		较不适宜区		适宜区	
	面积/万 hm²	比例/%	面积/万 hm²	比例/%	面积/万 hm²	比例/%
北京	5.26	3.21	51.27	31.29	107.33	65.50
天津	19.97	17.18	3.11	2.68	93.14	80.14
河北	58.79	3.14	392.98	20.99	1 420.44	75.87
山西	17.70	1.13	304.02	19.41	1 244.60	79.46
内蒙古	3 287.67	28.65	3 576.85	31.17	4 610.78	40.18
辽宁	57.58	3.96	415.25	28.56	981.12	67.48
吉林	166.68	8.73	771.52	40.41	971.04	50.86
黑龙江	440.48	9.73	2 002.30	44.23	2 084.24	46.04
上海	3.35	5.30	0.11	0.17	59.75	94.53
江苏	127.07	12.55	31.08	3.07	854.33	84.38
浙江	55.35	5.28	594.58	56.72	398.35	38.00
安徽	72.74	5.19	316.47	22.58	1 012.33	72.23
福建	22.65	1.86	647.39	53.16	547.77	44.98
江西	77.28	4.63	768.08	46.02	823.66	49.35
山东	76.14	4.93	94.21	6.10	1 374.15	88.97
河南	36.45	2.20	272.91	16.47	1 347.66	81.33
湖北	114.65	6.17	455.44	24.51	1 288.08	69.32
湖南	78.40	3.70	953.09	44.98	1 087.42	51.32
广东	82.86	4.68	908.58	51.32	778.98	44.00

省 (市、区)	不适宜区		较不适宜区		适宜区	
	面积/万 hm²	比例/%	面积/万 hm²	比例/%	面积/万 hm²	比例/%
广西	39.98	1.69	1 043.25	44.10	1 282.42	54.21
海南	12.77	3.78	142.67	42.23	182.41	53.99
重庆	9.73	1.18	111.74	13.55	703.17	85.27
四川	213.51	4.41	1 214.76	25.09	3 413.32	70.50
贵州	5.28	0.30	254.80	14.47	1 500.79	85.23
云南	57.10	1.49	1 399.85	36.53	2 375.12	61.98
西藏	2 335.25	19.43	4 150.09	34.53	5 533.46	46.04
陕西	66.86	3.25	356.95	17.35	1 633.52	79.40
甘肃	1 324.87	35.35	401.77	10.72	2 021.22	53.93
青海	3 015.81	42.08	343.29	4.79	3 807.74	53.13
宁夏	59.02	11.41	12.83	2.48	445.41	86.11
新疆	10 805.27	64.90	1 355.24	8.14	4 488.60	26.96
台湾	15.85	4.41	228.60	63.61	114.93	31.98

6. 土壤侵蚀对人类居住地适宜性的影响

从土壤侵蚀对人类居住地适宜性的影响看（图 2-6），新疆阿尔金山以北地区，塔克拉玛干沙漠—哈顺隔壁—阿拉善高原一带，风力侵蚀强烈，是不适宜人类居住区。另外青

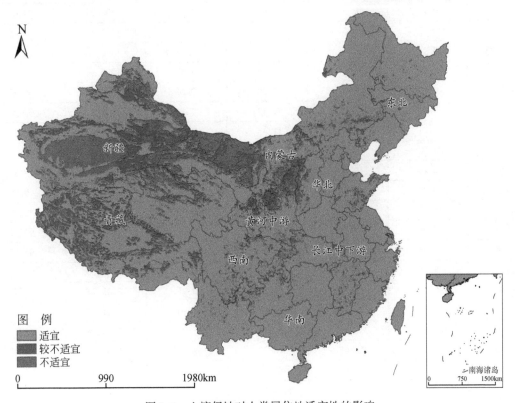

图 2-6　土壤侵蚀对人类居住地适宜性的影响

藏高原西南部地区存在较大面积的冻融侵蚀区，较不适宜人类居住。而中国广大东、中部地区土壤侵蚀比较弱，是人类居住地的适宜分布地区。从各省（市、区）受土壤侵蚀制约的面积和比例看（表2-6），不适宜人类居住区主要集中于新疆、甘肃、陕西和内蒙古，其面积分别占该省（区）面积的33.64%、20.29%、15.27%和18.54%。

表2-6 受土壤侵蚀制约各省（市、区）人类居住地不同适宜性等级的分布

省 （市、区）	不适宜区		较不适宜区		适宜区	
	面积/万hm²	比例/%	面积/万hm²	比例/%	面积/万hm²	比例/%
北京	0.00	0.00	0.00	0.00	163.86	100
天津	0.15	0.13	0.01	0.01	116.16	99.86
河北	1.50	0.08	20.97	1.12	1849.84	98.8
山西	173.88	11.10	85.85	5.48	1306.79	83.42
内蒙古	2127.59	18.54	1016.75	8.86	8331.36	72.6
辽宁	2.33	0.16	33.30	2.29	1418.40	97.55
吉林	0.00	0.00	33.60	1.76	1875.69	98.24
黑龙江	0.00	0.00	38.48	0.85	4488.28	99.15
上海	0.00	0.00	0.00	0.00	63.14	100
江苏	0.00	0.00	0.10	0.01	1012.49	99.99
浙江	0.00	0.00	20.86	1.99	1027.37	98.01
安徽	0.70	0.05	4.63	0.33	1396.28	99.62
福建	0.12	0.01	4.99	0.41	1212.78	99.58
江西	27.71	1.66	62.92	3.77	1578.40	94.57
山东	20.24	1.31	93.76	6.07	1430.66	92.62
河南	0.17	0.01	3.98	0.24	1652.85	99.75
湖北	9.48	0.51	79.72	4.29	1769.12	95.2
湖南	0.21	0.01	11.65	0.55	2106.80	99.44
广东	2.48	0.14	5.67	0.32	1762.54	99.54
广西	0.24	0.01	1.89	0.08	2363.81	99.91
海南	0.00	0.00	0.03	0.01	338.11	99.99
重庆	15.33	1.86	82.03	9.95	727.07	88.19
四川	28.08	0.58	242.56	5.01	4570.93	94.41
贵州	12.33	0.70	73.60	4.18	1674.87	95.12
云南	5.75	0.15	78.17	2.04	3748.00	97.81
西藏	996.36	8.29	2516.74	20.94	8505.73	70.77
陕西	314.11	15.27	181.02	8.80	1561.92	75.93
甘肃	760.46	20.29	634.16	16.92	2353.35	62.79
青海	750.40	10.47	616.37	8.60	5800.37	80.93
宁夏	30.14	5.83	85.20	16.48	401.65	77.69
新疆	5600.83	33.64	2424.14	14.56	8624.35	51.8
台湾	0.00	0.00	0.54	0.15	358.97	99.85

7. 坡度对人类居住地适宜性的影响

从坡度对人类居住地适宜性的影响看（图 2-7），我国横断山脉坡度大于 15°的地区分布比较集中，不适宜人类居住。另外沿天山南脉和阿尔金山脉以及大巴山脉，坡度也大于15°，不适宜人类居住。从各省（市、区）受坡度制约的面积和比例看（表 2-7），不适宜人类居住区主要集中于新疆、四川、云南和西藏。

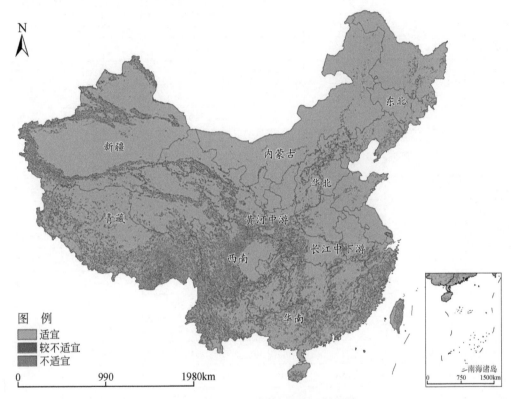

图 2-7　坡度对人类居住地适宜性的影响

表 2-7　受坡度制约各省（市、区）人类居住地不同适宜性等级的分布

省 （市、区）	不适宜区		较不适宜区		适宜区	
	面积/万 hm²	比例/%	面积/万 hm²	比例/%	面积/万 hm²	比例/%
北京	10.21	6.23	21.83	13.32	131.83	80.45
天津	0.13	0.11	1.37	1.18	114.72	98.71
河北	33.14	1.77	148.47	7.93	1 690.60	90.30
山西	25.06	1.60	144.26	9.21	1 397.00	89.19
内蒙古	12.62	0.11	112.46	0.98	11 350.22	98.91
辽宁	23.99	1.65	99.74	6.86	1 330.21	91.49

省 （市、区）	不适宜区		较不适宜区		适宜区	
	面积/万 hm²	比例/%	面积/万 hm²	比例/%	面积/万 hm²	比例/%
吉林	13.56	0.71	82.10	4.30	1 813.58	94.99
黑龙江	13.58	0.30	107.74	2.38	4 405.70	97.32
上海	0.00	0.00	0.00	0.00	63.21	100.00
江苏	0.51	0.05	2.83	0.28	1 009.14	99.67
浙江	141.52	13.50	154.73	14.76	752.03	71.74
安徽	34.62	2.47	79.19	5.65	1 287.74	91.88
福建	117.15	9.62	239.06	19.63	861.60	70.75
江西	65.43	3.92	180.42	10.81	1 423.17	85.27
山东	8.19	0.53	42.78	2.77	1 493.54	96.70
河南	24.19	1.46	72.25	4.36	1 560.59	94.18
湖北	114.46	6.16	170.21	9.16	1 573.49	84.68
湖南	76.92	3.63	226.09	10.67	1 815.90	85.70
广东	93.83	5.30	260.78	14.73	1 415.80	79.97
广西	106.93	4.52	282.93	11.96	1 975.79	83.52
海南	15.00	4.44	34.16	10.11	288.69	85.45
重庆	88.15	10.69	126.99	15.40	609.49	73.91
四川	1 204.10	24.87	413.47	8.54	3 224.02	66.59
贵州	69.91	3.97	223.81	12.71	1 467.16	83.32
云南	656.43	17.13	629.61	16.43	2 546.03	66.44
西藏	1 908.59	15.88	1 221.11	10.16	8 889.10	73.96
陕西	168.29	8.18	137.64	6.69	1 751.41	85.13
甘肃	248.48	6.63	300.95	8.03	3 198.42	85.34
青海	341.86	4.77	705.93	9.85	6 119.05	85.38
宁夏	4.60	0.89	10.40	2.01	502.25	97.10
新疆	1 242.02	7.46	1 012.27	6.08	14 394.81	86.46
台湾	97.43	27.11	31.01	8.63	230.94	64.26

8. 地貌对人类居住地适宜性的影响

从地貌对人类居住地适宜性的影响看（图 2-8），青藏高原的南缘—喜马拉雅山脉的东段极大起伏山地集中分布不适宜人类居住；新疆的塔克拉玛干沙漠沙丘分布广阔，不适宜人类居住地的分布。另外，内蒙古中部和宁夏北部地区的雪域高原也不利于人类居住。

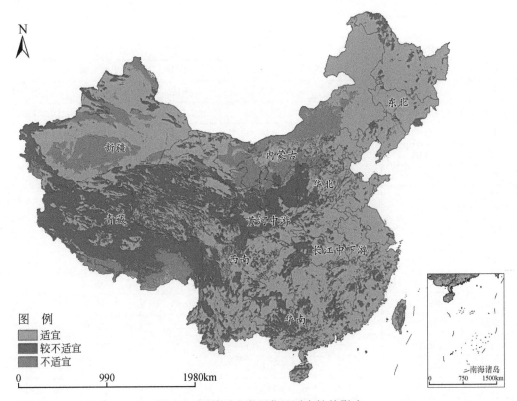

图 2-8　地貌对人类居住地适宜性的影响

从各省（市、区）受地貌制约的面积和比例看（表 2-8），不适宜人类居住区主要集中于宁夏、内蒙古和新疆，其面积分别占该区面积的 49.83%、36.21% 和 26.46%。

表 2-8　受地貌制约各省（市、区）人类居住地不同适宜性等级的分布

省 (市、区)	不适宜区		较不适宜区		适宜区	
	面积/万 hm²	比例/%	面积/万 hm²	比例/%	面积/万 hm²	比例/%
北京	0.00	0.00	12.16	7.42	151.70	92.58
天津	0.00	0.00	7.62	6.56	108.59	93.44
河北	115.89	6.19	254.99	13.62	1 501.32	80.19
山西	298.38	19.05	776.89	49.60	491.04	31.35
内蒙古	4 155.21	36.21	609.34	5.31	6 710.76	58.48
辽宁	0.00	0.00	164.73	11.33	1 289.21	88.67
吉林	0.00	0.00	145.48	7.62	1 763.75	92.38
黑龙江	0.00	0.00	472.17	10.43	4 054.86	89.57
上海	0.00	0.00	0.51	0.80	62.70	99.20
江苏	0.00	0.00	11.74	1.16	1 000.74	98.84
浙江	0.00	0.00	264.69	25.25	783.59	74.75

省 （市、区）	不适宜区		较不适宜区		适宜区	
	面积/万 hm²	比例/%	面积/万 hm²	比例/%	面积/万 hm²	比例/%
安徽	0.00	0.00	134.27	9.58	1 267.28	90.42
福建	0.00	0.00	232.12	19.06	985.70	80.94
江西	0.00	0.00	380.87	22.82	1 288.15	77.18
山东	0.00	0.00	178.24	11.54	1 366.27	88.46
河南	0.00	0.00	289.15	17.45	1 367.87	82.55
湖北	5.95	0.32	694.77	37.39	1 157.45	62.29
湖南	0.21	0.01	308.30	14.55	1 810.40	85.44
广东	0.00	0.00	454.47	25.67	1 315.95	74.33
广西	2.37	0.10	1 107.60	46.82	1 255.69	53.08
海南	0.00	0.00	124.36	36.81	213.49	63.19
重庆	0.00	0.00	229.50	27.83	595.14	72.17
四川	404.27	8.35	1 981.66	40.93	2 455.66	50.72
贵州	10.92	0.62	514.18	29.20	1 235.78	70.18
云南	251.00	6.55	1 273.40	33.23	2 307.67	60.22
西藏	2 076.85	17.28	8 505.70	70.77	1 436.25	11.95
陕西	99.78	4.85	1 157.87	56.28	799.68	38.87
甘肃	521.33	13.91	1 828.20	48.78	1 398.32	37.31
青海	146.92	2.05	4 587.49	64.01	2 432.43	33.94
宁夏	257.75	49.83	228.16	44.11	31.35	6.06
新疆	4 405.35	26.46	3 013.49	18.10	9 230.26	55.44
台湾	57.82	16.09	128.69	35.81	172.86	48.10

9. 各地理因素对人类居住地适宜性的综合影响

从高程、年平均降水量、≥0℃积温、≥10℃积温、土地利用类型、土壤侵蚀、坡度和地貌八大地理因素对人类居住地适宜性的综合影响看（图2-9），我国人类居住地适宜地区主要分布于东部地区的东北平原、三江平原、华北平原和长江中下游平原，这些地区高程、年平均降水量、≥0℃积温、≥10℃积温、土地利用类型、土壤侵蚀、坡度和地貌八大地理要素均适宜城镇发展的要求，是我国未来城镇发展的主要空间。我国人类居住地不适宜地区主要分布于西部地区以及中部的内蒙古和西南地区，从导致人类居住地不适宜性的因子统计个数看，新疆的塔克拉玛干沙漠、青藏的藏北高原以及内蒙古的中央戈壁地区制约因子的个数一般为3～4个，而西部的广大地区制约因子的个数一般为两个。如果将导致人类居住地不适宜的因子按高程、年平均降水量、≥0℃积温、≥10℃积温、土壤侵蚀、土地利用类型、坡度和地貌的先后顺序排序，青藏高原受高程制约明显，新疆的塔克拉玛干沙漠和内蒙古的中央戈壁受年平均降水量的影响明显，而内蒙古西部和新疆北部受土壤侵蚀比较明显。

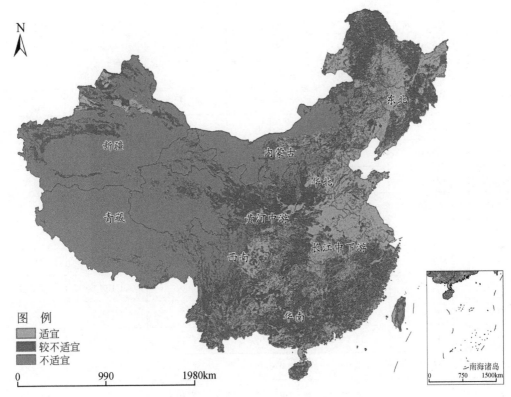

图 2-9　各地理因素对人类居住地适宜性的综合影响

从各省（市、区）受八大地理因素综合制约的面积和比例看（表 2-9），不适宜人类居住区面积占该省面积的比例在 50% 以上的省（市、区）有西藏、青海、新疆、宁夏、四川、内蒙古和甘肃，而不适宜人类居住区面积比例最低的前 10 个省（市、区）依次为河南、辽宁、贵州、上海、广西、山东、湖南、海南、安徽和广东。而适宜人类居住区面积比例超过 50% 省（市、区）依次为上海、江苏、天津、山东、河南、安徽、河北、辽宁和北京。

表 2-9　受八大地理因素综合制约各省（市、区）人类居住地不同适宜性等级的分布

省 （市、区）	不适宜区		较不适宜区		适宜区	
	面积/万 hm²	比例/%	面积/万 hm²	比例/%	面积/万 hm²	比例/%
北京	15.17	9.26	63.58	38.80	85.11	51.94
天津	19.95	17.15	11.10	9.54	85.27	73.31
河北	190.23	10.16	636.02	33.97	1 046.06	55.87
山西	490.95	31.34	750.68	47.92	324.90	20.74
内蒙古	6 009.82	52.37	3 253.36	28.35	2 212.51	19.28

续表

省 （市、区）	不适宜区		较不适宜区		适宜区	
	面积/万 hm²	比例/%	面积/万 hm²	比例/%	面积/万 hm²	比例/%
辽宁	75.46	5.19	574.19	39.49	804.36	55.32
吉林	176.80	9.26	851.35	44.59	881.14	46.15
黑龙江	446.34	9.86	2 142.06	47.32	1 938.36	42.82
上海	3.64	5.77	1.79	2.83	57.71	91.4
江苏	126.57	12.50	44.05	4.35	841.97	83.15
浙江	131.03	12.50	619.29	59.08	297.91	28.42
安徽	107.08	7.64	378.72	27.02	915.81	65.34
福建	120.82	9.92	755.95	62.07	341.13	28.01
江西	169.74	10.17	945.67	56.66	553.62	33.17
山东	100.09	6.48	340.91	22.07	1 103.66	71.45
河南	61.64	3.72	474.06	28.61	1 121.29	67.67
湖北	240.84	12.96	857.99	46.17	759.50	40.87
湖南	155.51	7.34	1 076.49	50.81	886.66	41.85
广东	157.06	8.87	1 051.44	59.38	562.19	31.75
广西	140.06	5.92	1 688.57	71.37	537.30	22.71
海南	24.82	7.34	218.00	64.47	95.32	28.19
重庆	108.74	13.19	392.43	47.60	323.26	39.21
四川	2 614.93	54.01	1 364.84	28.19	861.80	17.8
贵州	96.84	5.50	860.33	48.86	803.63	45.64
云南	920.04	24.01	2 035.13	53.11	876.74	22.88
西藏	11 699.13	97.34	301.67	2.51	18.03	0.15
陕西	567.75	27.60	1 040.66	50.59	448.64	21.81
甘肃	2 200.43	58.71	1 408.11	37.57	139.42	3.72
青海	6 484.83	90.48	680.16	9.49	2.15	0.03
宁夏	291.63	56.41	212.64	41.13	12.72	2.46
新疆	13 624.15	81.83	2 480.75	14.90	544.43	3.27
台湾	127.01	35.33	144.70	40.25	87.79	24.42

2.1.2　城镇发展生态限制性评价

1. 森林对城镇发展的生态限制性

森林作为一种重要的自然资源不仅为城镇发展起着重要的生态防护效益，而且也是实现国民经济可持续发展的根本与保障。20 世纪 80 年代以来，由于人口增长和经济利益的驱动，我国原始森林急剧减少，其生态防护效益逐步减弱，未来城镇发展应该将森林作为生态限制性因子，注重森林资源的保护。

我国森林空间分布（图 2-10）大致集中在以大兴安岭—吕梁山—青藏高原东缘一线以东的地区是森林集中分布的地区——东部林区，东部森林地区，随着自北向南热量的递增，森林植被依次出现寒温带针叶林、温带针阔叶混交林、暖温带落叶阔叶林、亚热带常绿阔叶林和热带季雨林、雨林。西部地区因降水稀少，气候多为半干旱和干旱气候，森林分布少而分散。从森林分布的省份看，森林主要集中于东部林区的黑龙江、辽宁、吉林、内蒙古、福建、安徽、湖南、广东、湖北、四川、云南、浙江、江西、海南等省（区）以及西藏的东南部，尤其集中分布在各大山脉，如东北林区的大兴安岭、长白山和辽东山地，西南林区的横断山脉，西藏雅鲁藏布江大拐弯以东、以南的喜马拉雅山和横断山地区，四川盆地周边山地和云贵高原，东南林区的台湾山脉、武夷山脉、南岭和东南丘陵；此外，还有秦巴山地、鄂西和湘西山地等。上述地区在发展城镇建设时，更应该保护现有森林资源。

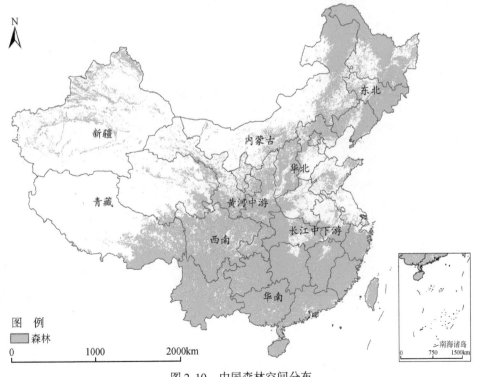

图 2-10　中国森林空间分布

2. 湿地对城镇发展的生态限制性

湿地是地球自然生态系统的重要组成部分，是具有多功能的独特生态系统，是自然界最富生物多样性的生态景观和人类最重要的生存环境之一，被人们誉为"自然之肾"。它不但具有丰富的资源，还具有巨大的环境调节功能和环境效益。湿地仅占地球表面面积的6%，却为世界上20%的生物提供了生境，这还不包括许多湿地中未知的生命形式。

中国由于地域辽阔，地貌类型也千差万别。复杂的地理环境与多样的气候条件，使中国成为亚洲湿地类型齐全、数量最多、面积最大的国家。据不完全统计，中国大约有湿地面积6594万hm^2（不包括江河、水库及池塘等），约占世界湿地面积的10%。据国家林业局统计，中国的沼泽、湖泊、滩涂与盐沼地、低潮时水深不超过5m的浅海水域等天然湿地面积约为2594万hm^2。从湿地的空间分布看，我国湿地主要集中于以下两大区域（图2-11）：三江平原是中国沼泽湿地集中分布且面积最大的区域，位于黑龙江省的东北部，由黑龙江、乌苏里江和松花江冲积的低平原组成；青藏若尔盖高原湿地集中分布于黑河、白河中下游、牛轭湖、山前洼地及丘间和山间伏流宽谷等水分过多，排水不畅的地带。

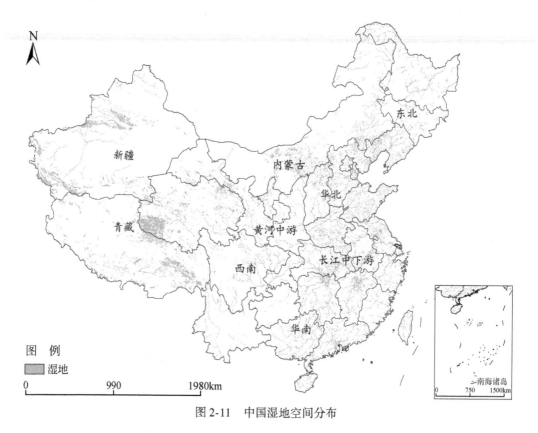

图2-11　中国湿地空间分布

近年来由于气候变化和人类活动的干扰，我国湿地面积正在逐步减少，未来发展城镇建设，特别应该注意保护现有湿地资源，将湿地存在区作为禁止城镇建设区。

3. 河湖水体对城镇发展的生态限制性

中国境内河流众多（图 2-12），流域面积在 1000km² 以上者多达 1500 余条，其中注入海洋的外流河，流域面积约占全国陆地总面积的 64%。中国境内湖泊众多，长江中下游地区和青藏高原是湖泊最多的两个地区。前者为淡水湖最集中的地区，主要有鄱阳湖、洞庭湖、太湖、洪泽湖等，其中江西省北部的鄱阳湖最大，面积 3583km²；后者主要分布着咸水湖，有青海湖、纳木错、奇林湖等，当中以青海省东北部的青海湖最大，面积 4583km²。

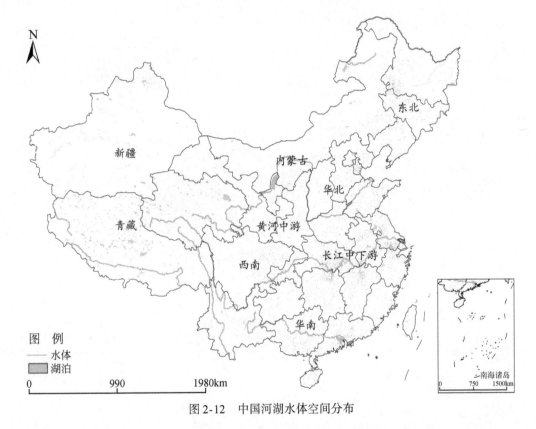

图 2-12　中国河湖水体空间分布

水资源是制约我国城市建设的主要因素，河流、湖泊蕴藏着丰富的地表淡水资源，在未来城市建设中应该特别加强对河湖水体的保护。

4. 基本农田保护区对城镇发展的生态限制性

耕地是人类获取食物的重要基地，维护耕地数量与质量，对农业可持续发展至关重要。我国明确规定"十分珍惜和合理利用每一寸土地，切实保护耕地"是基本国策，要求在有限时间内，建立耕地保护制度，保护基本农田。

基本农田是耕地中的精华，是维护国家粮食安全最基本的依靠。基本农田可定义为：从战略高度出发，在一定历史时期内，为满足国民经济持续、稳定发展，社会安定和人口增加对耕地需求，而必须确保的农田。保护耕地最重要的是把基本农田保护好，这是一条不可逾越的红线。保护耕地特别是保护基本农田，是保护、提高粮食综合生产能力的重要前提。

在城市发展过程中为了切实保护耕地资源，根据国务院颁布的《基本农田保护》，我们将城镇周围 10km、农村居民点周围 5km 范围内的平原耕地作为基本农田保护区（图2-13），从图中看我国基本耕地主要集中于东北平原和华北平原，其中华北平原人口密集，经济发展较快，城市扩展侵占基本耕地的形势比较严峻，在未来城市建设过程中应该将基本耕地作为禁止城市建设区，加以保护。

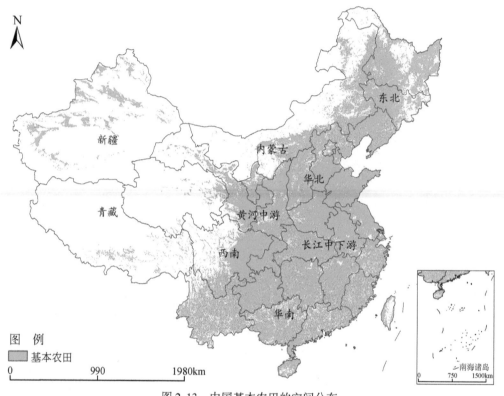

图 2-13　中国基本农田的空间分布

5. 地质灾害对城镇发展的生态限制性

根据城镇发展的生态限制性评价准则表，制作中国地质灾害对城镇发展的生态限制性分类图（图2-14），从图中可以看出，青藏高原的东南部念青唐古拉山脉一带，西南地区除四川盆地的大部，黄河中游的南部滑坡、崩塌、泥石流比较集中地为禁止城市建设区，而限制城市建设区分布比较零散，几个稍微集中的地区为藏北高原和云贵高原，前者以冻融为主，后者以岩溶塌陷为主，均限制了未来城镇的发展。

从各省（市、区）受地质灾害制约的面积和比例看（表2-10），不适宜城市建设区面积所占比例最高的前5个省（市）依次是重庆、台湾、云南、四川和陕西，适宜城市建设区面积所占比例最高的前5个省（区）依次是海南、黑龙江、内蒙古、吉林和广东，最低的前5个省（市）依次是贵州、上海、云南、陕西和重庆。

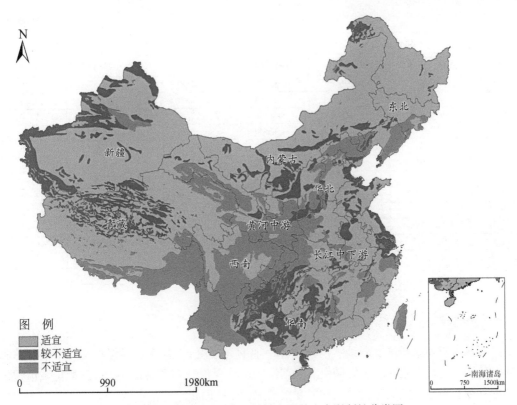

图 2-14　中国地质灾害对城镇发展的生态限制性分类图

表 2-10　受地质灾害制约各省（市、区）城镇发展不同限制性等级的分布

省 （市、区）	禁止建设区		限制建设区		适宜建设区	
	面积/万 hm²	比例/%	面积/万 hm²	比例/%	面积/万 hm²	比例/%
北京	92.91	56.70	18.94	11.56	52.01	31.74
天津	4.65	4.00	69.59	59.83	42.07	36.17
河北	754.54	40.30	217.00	11.59	900.77	48.11
山西	532.93	34.02	470.11	30.01	563.48	35.97
内蒙古	133.12	1.16	1 596.27	13.91	9 746.31	84.93
辽宁	765.83	52.67	185.53	12.76	502.65	34.57
吉林	321.14	16.82	16.61	0.87	1 571.54	82.31
黑龙江	22.18	0.49	186.05	4.11	4 318.53	95.40
上海	0.35	0.56	51.14	80.99	11.65	18.45
江苏	59.24	5.85	386.20	38.14	567.15	56.01
浙江	331.66	31.64	151.47	14.45	565.10	53.91
安徽	158.66	11.32	251.17	17.92	991.78	70.76
福建	349.54	28.70	0.00	0.00	868.36	71.30
江西	251.69	15.08	127.85	7.66	1 289.49	77.26
山东	17.92	1.16	433.74	28.08	1 093.00	70.76
河南	556.42	33.58	77.71	4.69	1 022.86	61.73
湖北	784.58	42.22	200.88	10.81	872.85	46.97
湖南	383.27	18.09	667.38	31.50	1 068.02	50.41
广东	124.83	7.05	190.17	10.74	1 455.68	82.21

省 （市、区）	禁止建设区		限制建设区		适宜建设区	
	面积/万 hm²	比例/%	面积/万 hm²	比例/%	面积/万 hm²	比例/%
广西	117.35	4.96	989.20	41.81	1 259.39	53.23
海南	4.16	1.23	1.01	0.30	332.97	98.47
重庆	636.39	77.19	141.06	17.11	46.99	5.70
四川	3 147.99	65.02	32.44	0.67	1 661.14	34.31
贵州	318.88	18.11	1 051.73	59.73	390.19	22.16
云南	2 639.04	68.87	521.91	13.62	670.97	17.51
西藏	3 332.82	27.73	1 620.14	13.48	7 065.87	58.79
陕西	1 250.89	60.81	531.75	25.85	274.41	13.34
甘肃	1 497.31	39.95	243.24	6.49	2 007.41	53.56
青海	1 545.24	21.56	831.39	11.60	4 790.52	66.84
宁夏	138.45	26.78	41.67	8.06	336.87	65.16
新疆	491.16	2.95	4 070.76	24.45	12 087.41	72.60
台湾	254.21	70.71	0.00	0.00	105.30	29.29

6. 各地理因素对城镇发展生态限制性的综合评价

从森林、自然保护区、湿地、河湖水体、地形（坡度）、基本农田保护区、土壤侵蚀和地质灾害八大地理要素对城镇发展生态限制性的综合评价结果看（图2-15），禁止城市建设区的面积远远高于适宜城镇建设区和限制城镇建设区的面积。

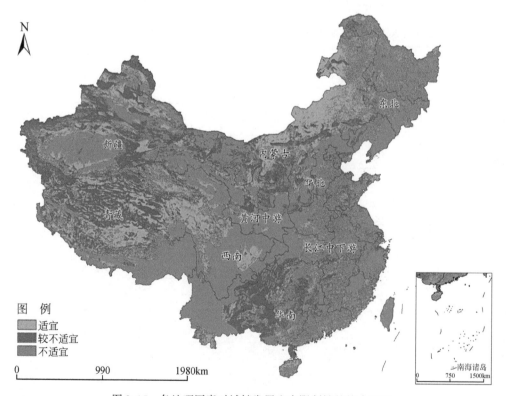

图 2-15 各地理因素对城镇发展生态限制性的综合评价

从各省（市、区）城镇发展受八大地理要素综合制约的面积和比例看（表 2-11），适宜城市建设区面积所占比例最高的前 5 个省（区）依次是内蒙古、海南、青海、宁夏、西藏，最低的 5 个省（市）依次是上海、陕西、重庆、天津、浙江；而禁止城市建设区面积所占比例最高的前 5 个省（市、区）依次是台湾、辽宁、浙江、河南和北京，最低的是贵州、青海、内蒙古、西藏和新疆。

表 2-11　受八大地理要素综合制约各省（市、区）城镇发展不同限制性等级的分布

省（市、区）	禁止建设区		限制建设区		适宜建设区	
	面积/万 hm²	比例/%	面积/万 hm²	比例/%	面积/万 hm²	比例/%
北京	135.51	82.70	12.94	7.90	15.40	9.40
天津	91.21	78.41	18.95	16.29	6.16	5.30
河北	1488.67	79.51	117.02	6.25	266.62	14.24
山西	1009.62	64.45	324.90	20.74	232.00	14.81
内蒙古	4685.53	40.83	1789.06	15.59	5001.11	43.58
辽宁	1247.99	85.83	89.57	6.16	116.47	8.01
吉林	1562.37	81.83	52.51	2.75	294.41	15.42
黑龙江	3629.10	80.17	108.64	2.40	789.01	17.43
上海	47.92	75.89	13.44	21.28	1.79	2.83
江苏	833.36	82.30	66.73	6.59	112.50	11.11
浙江	895.29	85.41	78.93	7.53	74.01	7.06
安徽	1150.72	82.10	67.14	4.79	183.75	13.11
福建	821.11	67.42	102.43	8.41	294.37	24.17
江西	1114.41	66.77	149.71	8.97	404.91	24.26
山东	962.94	62.34	242.20	15.68	339.52	21.98
河南	1404.63	84.77	39.93	2.41	212.43	12.82
湖北	1488.14	80.08	114.10	6.14	256.08	13.78
湖南	1353.40	63.88	381.78	18.02	383.48	18.10
广东	1268.52	71.64	163.43	9.23	338.73	19.13
广西	1318.30	55.72	671.69	28.39	375.95	15.89
海南	179.08	52.96	11.70	3.46	147.36	43.58
重庆	672.08	81.52	110.80	13.44	41.55	5.04
四川	3529.99	72.91	165.10	3.41	1146.48	23.68
贵州	569.97	32.37	959.28	54.48	231.55	13.15
云南	2918.77	76.17	530.72	13.85	382.43	9.98
西藏	5074.35	42.22	3428.97	28.53	3515.51	29.25
陕西	1688.43	82.08	273.79	13.31	94.83	4.61
甘肃	2461.67	65.68	648.02	17.29	638.28	17.03
青海	2713.48	37.86	1469.98	20.51	2983.68	41.63
宁夏	260.77	50.44	87.01	16.83	169.21	32.73
新疆	7965.04	47.84	5068.06	30.44	3616.23	21.72
台湾	320.32	89.10	5.14	1.43	34.05	9.47

2.2 全国尺度城镇空间布局适宜性综合评价结果分析

2.2.1 地形气候综合评价

如图 2-16 所示，中国地形地貌及气候环境对城镇空间布局适宜性分四级，从全国来看，地形地貌及气候环境对城镇布局高度适宜的地区占全国总面积的15%，主要分布在东部沿海的平原区、西部的山地冲积扇地区和南方平坦丘陵区。适宜区占全国总面积的14%，主要分布在东北平原周边地势较高地区、黄淮海平原地区、南方丘陵地势起伏较小的地区、黄土高原地区和新疆天山南北麓地势较高的河流冲积扇地区；较不适宜地区占全国总面积的42%，主要分布在我国东部及南方中低山及丘陵地区、内蒙古高原和青藏高原地区；地形地貌及气候影响下对城镇布局起限制作用的不适宜区占国土面积的29%，主要分布在东部中高山地区（长白山脉、太行山脉、秦岭）、内蒙古高原的阴山和贺兰山脉、西部的阿尔泰山、天山及沙漠戈壁地区及青藏高原的高寒草甸地区。

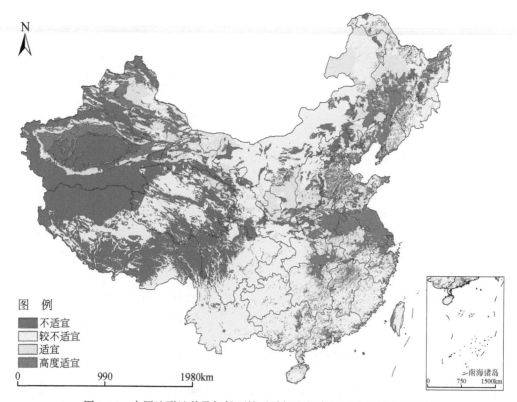

图 2-16 中国地形地貌及气候环境对城镇空间布局适宜性综合评价图

按照东中西分区分析看，东部平原丘陵湿润区占国土面积的29.17%左右，位于中国东部沿海平原区，地形以平原丘陵为主，没有大的高山和极高山，是典型的湿润的季风气候。在该区地形和气候对城市的布局影响程度较小，其中高度适宜区占国土面积的9.17%，主要分布在地势较低的平原地区，从北到南分别是三江平原、东北平原、华北平原和长江中下游平原，是中国的人口集中，经济发达的地区，包括哈尔滨、长春、沈阳、北京、天津、济南、石家庄、郑州、上海、南京、杭州、福州、南昌、合肥、广州等大城市群；适宜区占国土面积的4.58%，主要分布在东部的低山丘陵坡地区域，地形有起伏，地形地势对大城市的发展有部分限制作用，适合中小城镇的发展；较不适宜区占国土面积的14.06%，集中分布在南方的山地和丘陵区域、东北的长白山和小兴安岭，以及山东鲁中山区及胶东丘陵地区，这些区域海拔较高，坡度较大，基本不适合布局大中城市，最多适合居民点的建设；不适宜区占国土面积的1.36%，主要分布在东北的长白山及大兴安岭、太行山脉和山东中部山区，这些地区海拔较高，不适合居民点及城市的布局发展，鼓励封山育林发展林业。

中部山地高原半干旱区占国土面积的33.04%，地形及气候条件对城市的布局影响已经很明显，内蒙古高原地区虽然地势平坦，但是气候干燥，处于半干旱地区，是典型的草原生态景观，影响了大中城市的布局，大的城市群为呼和浩特市；黄土高原地区因为塬梁峁地貌类型，地形普遍破碎，严重地影响了大中城市的发展，大的城市群有银川、兰州、太原和西安，这些城市处于河流谷地等特殊的地貌类型区；四川盆地为天府之国，气候和地形都适合大中城市的发展；中国的云贵高原地区，气候湿润，温度适宜，适合人类的居住和发展，但是地形复杂，多高山丘陵，平地很少，严重地限制了城市的发展。从评价结果看，中部地区高度适宜区域占国土面积的1.53%，主要分布在河西走廊、汉中平原、四川盆地区域，以及内蒙古东部等地区；适宜区域占国土面积的5.82%，主要分布在内蒙古高原的东北部、黄土高原及四川盆地区域，因为高程较低，部分较特殊的河流沟谷、盆地较平坦的地貌类型区适合中小城镇的建设；较不适合城镇布局的区域占国土面积20.58%，主要分布在内蒙古高原、云贵高原和青藏高原东缘的广大地区，因为气候及地势地貌原因，严重地限制了大中城市及中小城镇的布局发展；不适宜城镇布局发展的区域占国土面积的5.11%，南部主要以高原区域为主，海拔较大，坡度较大，不适合城镇布局和人类的居住，北部以沙漠分布为主，因为气候干燥，影响了人类的居住和城市的发展。

西部高原盆地干旱区占国土面积的37.79%，分布在新疆、青海和西藏地区，气候以干旱和高寒为主，地形以盆地和高原为主；地形气候高度适宜城镇布局发展的区域占国土面积的4.38%，分布在青海湖周围，天山南北的塔里木盆地和准噶尔盆地周围的河流冲积扇地区，这些地区地势平坦，依赖湖水及高山融雪，满足了城镇布局建设的需要，大的城市群有乌鲁木齐、西宁和拉萨；适宜城市发展的区域占国土面积的3.01%，主要分布在盆地和青海湖周边地区，地势相对平坦，如果水源条件好的话可以适合中小城市的发展，因为西部是水源单因子限制地区，地形气候的评价条件的好坏必须同水源条件结合，才可以确定城市的最终布局；地形气候较不适合及不适合城镇布局发展的地区占国土面积的30.4%，主要分布在青藏高原、天山山脉、阿尔泰山脉、塔里木盆地等区域，高寒和干旱的气候环境及高山丘陵地形都严重地限制了人口居住、居民点建设和城镇布局。

总之，东部大部分地区气候地形对城市发展较适宜，只有部分高山丘陵地区限制城镇布局和发展；中部地区气候和地形对城市发展都有不同程度的影响和限制作用，只有地形地貌较特殊的平原、河谷及盆地地区适合大中城市的布局和发展；西部地形及气候都极大地限制了城市的布局建设，高寒和干旱及高山盆地戈壁沙漠极大地限制了人类的生存，更不适合城市的发展，只有极少的河流谷底和绿洲区域适合城镇布局的建设。

2.2.2 水资源及交通人口综合评价

图 2-17 水资源及交通人口综合评价分四级，图中高度适宜城镇布局的绿色区域，约占全国总面积的 15%，主要分布在交通便利、水资源丰富的东北平原和三江平原地区、东部沿海及地势平坦的南方丘陵地区、交通发达及水资源丰富的四川盆地等地区，西部主要分布在河西走廊、汉中平原和新疆天山南北的河流冲积扇地区。从水文及交通条件看，适宜城镇布局的蓝色区域约占国土面积的 36%，主要分布在我国东部平原丘陵地区，这些地区有一定交通条件，水资源较丰富，新疆地区主要分布在塔里木盆地及准噶尔盆地的周围，这些地区有河流通过，且有一定的交通条件。较不适宜城镇布局的绿色区域约占国土面积的 34%，主要分布在山地、丘陵高原缺少交通或水资源的广大地区。不适宜城镇布局的黄色区域约占国土面积的 15%，分布在西部广大极干旱及干旱的沙漠戈壁地区，不仅水资源极其贫乏，也缺少交通条件，是严重影响和限制人类生存和城市发展的地区。

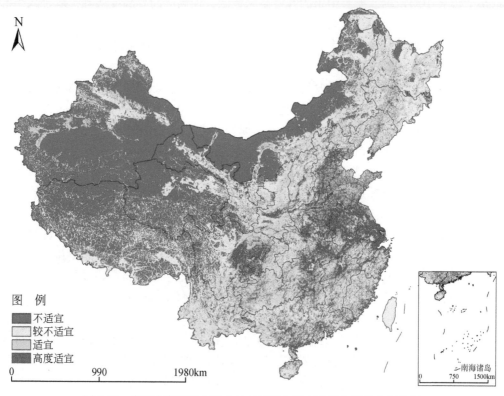

图 2-17 中国水资源及交通人口对城镇空间布局适宜性综合评价图

按照东中西分区分析，东部地区水资源和交通条件高度适宜城镇布局发展的区域约占国土面积的11%，主要分布在东北平原、华北平原和长江中下游平原区。东北平原地区交通发达，水源较丰富，是适宜大中城市群布局发展的地方，目前有哈尔滨、长春和沈阳等重工业城市群；华北平原及长江中下游平原区人口密集，交通发达，水源较丰富，极大地促进了大中城市群的发展和密集，是中国城市群最集中的地方，集中了北京、天津、济南、青岛、石家庄、郑州、南京、上海、合肥、杭州大城市和超大城市；南方丘陵区水源极其丰富，但是因为丘陵山地的影响，交通受限较大，只是在地势平坦交通便利的地方，形成武汉、南昌、福州、长沙、广州、南宁和香港等大型及特大型城市群。水资源和交通条件适宜城镇布局的区域占国土面积的约16%，东北主要分布在东北平原和三江平原地区，这些地区地势平坦，水源丰富，有一定的交通条件，适宜中小城市的布局和发展；华北平原和长江中下游平原地区，水源较丰富，有一定的交通条件，因地势地貌等原因，影响限制了这些地区发展大中城市，可以发展中小城镇；南方丘陵地区水源丰富，但因为地形地貌的影响，交通受限较大，这些地区一般只适宜发展中小城镇。水资源和交通条件较不适宜和不适宜城镇布局的地区占国土总面积不到3%，主要分布在山地丘陵地区，水源交通都受限，不适宜城镇建设。

在中部地区，水资源和交通条件高度适宜城镇布局和发展的地区约占国土面积的4%，主要分布在水资源丰富、交通发达的河套平原、河西走廊、汉中平原、四川盆地、云贵高原的河流谷底等地区，集中了呼和浩特、银川、太原、西安、成都、重庆、贵阳和昆明等超大及大城市；适宜城镇布局地区约占国土面积的13%，主要分布在地势较平坦，有一定水源条件交通较发达的地区，适合中小城市的建设和发展；较不适宜城镇布局和发展的地区约占国土面积的9%，分布在内蒙古高原和黄土高原地区，水源为主要限制因子，南方云贵高原及青藏高原东缘交通是主要限制因子，这些地区主要适合居民点的建设；不适宜城市发展的地区约占国土面积的6%，主要分布在内蒙古高原北部的沙漠草原地区和黄土高原，这些地区缺少水源和交通，严重限制了城市的布局和发展，云贵高原及青藏高原东缘因地势较高、坡度较大、交通缺失，严重影响了人类的活动，限制了城市的布局和发展，也不适宜城镇布局。

西部地区水源和交通条件高度适宜城镇布局和发展的地区仅占国土面积的0.06%，适宜地区约占国土面积的7%，这些地区仅分布在青海湖东部、天山北麓河流冲积扇、伊犁河谷地等地区，这些地方地势平坦，交通发达，有水源保证，形成了现在的西宁、乌鲁木齐、石河子、伊宁市等大中城市，适宜城市发展的地区是西部未来中小城镇布局发展最具潜力的地区，以原有城市为依托，基于交通和水源较丰富的基础上，发展新城镇；较不适宜的地区约占国土面积的22%，这些地区因交通及水源限制，影响了城镇的建设，除了特殊的资源原因，一般不能发展城镇；不适宜发展城镇区域约占国土面积的9%，分布在青藏高原高寒区、塔里木和准噶尔盆地沙漠戈壁区，以及天山和阿尔泰高山区，因地势及地貌影响，缺少交通和水源条件，限制了人类的居住和生存，是不适宜城镇布局和建设的地区。

就交通和水源条件而言，东部大部分地区除南方丘陵地区适宜大中城市的发展，交通对大中城市的发展是一明显的限制因子；中部地区北方水源是限制城市发展的显著因子，南方山地高原区交通是影响城市发展的限制因子；西部地区水源是影响城镇布局的显著单因子，水源丰富、地势平坦、交通便利的地区就有城镇布局，就适宜城镇发展。

2.2.3　土地利用及居民点综合评价

图2-18以土地利用及居民点影响系数为评价指标，对城镇布局适宜性及未来发展进行评价，评价结果分四级，红色区域是高度适宜城镇布局发展的地区，这些地区占全国总面积的1%左右，主要以现有城市的建设用地地区分布为主；适宜城市发展布局的地区占国土面积的20%，东部为平原盆地中的耕地覆盖的地区，西部以河流冲积扇分布集中的地区为主；较不适宜城市发展的地区占国土面积的56%，是林地、草地和水域覆盖为主的广大地区；不适宜城市发展布局的地区占国土面积的23%，主要分布在西部干旱的沙漠戈壁及青藏高原的高寒无人居住区。

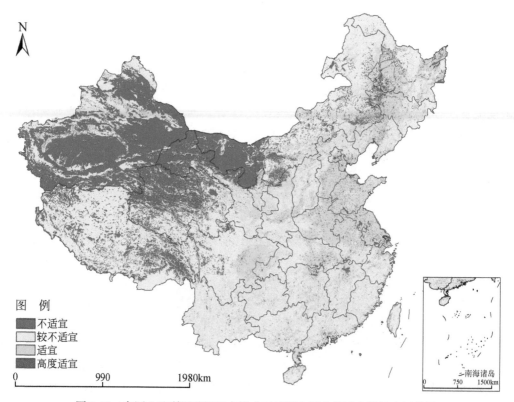

图2-18　中国土地利用及居民点影响对城镇空间布局适宜性综合评价图

按照东中西三部分分析，东部地区占国土面积约30%，其中高度适宜城镇布局建设的区域主要分布在现有城市及城镇建成区，占国土面积的0.6%，东北以哈尔滨、长春和沈阳等城市群为主，华北华东以北京、天津、济南、石家庄、郑州、南京、上海、合肥等超大城市及大城市为主；适宜城市发展建设的区域占国土面积的12.46%，主要分布在地势平坦，居民点密集，地表以耕地覆盖为主的地区，东部地区主要分布在东北平原、三江平原、华北平原、长江中下游平原和南方丘陵的河流谷地区域，是人口集中、居住密集的地区，是城市发展优先利用的地区；较不适宜和不适宜的地区东部约占全国的 16.87%，东北地区主要位于湿地、林地覆盖区，人口稀疏，地表地势状况不适宜城市城镇的布局建设。华北及南方丘陵地区分布在山地丘陵及水域覆盖的地区，地表以林地和草地水域覆盖为主，因为地表状况的原因不适宜人类定居生存，是城市城镇布局不适宜选定的区域。

中部地区虽然占国土面积较大（约 33%），但适宜城镇布局发展的区域仅占国土面积的 6.58%，其中约 0.12% 的区域是建成区域面积，是高度适宜区，其他约 6.46% 是地势平坦，以耕地和林地草地覆盖为主，人口集中，城镇分布密集的区域，是城镇布局发展的适宜度较高的地区；中部地区约 26% 的区域是不适宜城市建设的，主要覆盖为草地、林地和未利用土地，因为地势、气候原因极大地限制了人类的生存和城镇化布局发展。

西部地区适宜和高度适宜城镇布局的面积仅占国土面积的 0.83%，主要分布在天山南北、伊犁河谷地、塔里木盆地、准噶尔盆地周边地区，以及青藏高原的青海湖以东地区，这些地区以耕地及草地覆盖为主，人口较密集，已经有建成区，是未来城镇布局发展潜力较大的区域。其他的较不适宜及不适宜的区域基本上为高山高原和盆地，以沙漠、戈壁及高寒草甸覆盖为主，人口稀疏，交通不便，极大地限制了城市城镇的布局发展。

总之，从土地覆盖及居民点密集度对城镇布局的影响看，东部地区以耕地覆盖为主，人口密集，对城市发展布局非常有利，是大中城市发展潜力最大的区域；中部地区因为气候及地形地貌的影响，以草地、林地和未利用土地覆盖为主，人口密度低，居民点稀疏，除了四川盆地、汉中盆地和河套平原等地耕地覆盖集中，城镇密集的地方极利于城镇布局发展外，其他区域都不同程度地受气候和地形环境的影响而不利于城镇化发展；西部地区以高原和盆地为主，气候高寒干燥，除了河流谷地绿洲区域适宜城镇布局外，其他区域对人类居住和生存都有巨大的限制作用，更不利于城市发展。

2.2.4　地理因素对城镇布局适宜性综合评价

图 2-19 是综合地理因素对城镇布局适宜性综合评价图，评价结果分四级。高度适宜城镇布局的地区（图中红色区域），其所处地形地貌、气候、水资源和交通对城市进一步发展没有限制作用，该区域占国土面积的 4.57%，主要分布在东部沿海平原及四川盆地区，西部主要分布在河西走廊及天山南北的河流冲积扇地区，这些区域地势平坦，交通发达，水资源丰富；其中耕地占了 70.71%，包括 67.12% 的基本耕地（表 2-12），未来城镇扩展的空间压力还是很明显的。适宜发展城市的地区占国土面积的 19.4%，这些地区位于平原盆地区，现以耕地覆盖为主，也是地势平坦的地区，水资源丰富，是城市发展的后备用地分布区；较不适宜城镇布局的地区占国土面积的 31.93%，主要位于坡度较高的山地丘陵地区和青藏高寒地区，以林地和草地等覆盖为主，地形地貌、气候、交通和水资源都不同程度地限制了城市在这些地方的布局和发展。不适宜城镇布局发展的地区占国土面积的 44.1%，主要分布在东部湿地、沿海滩涂、西部沙漠戈壁和青藏高原高寒地区，这些地区因为气候、地势、水资源、交通等条件的限制作用，是人类不能居住和生存的地区，更不具备城市发展的条件。

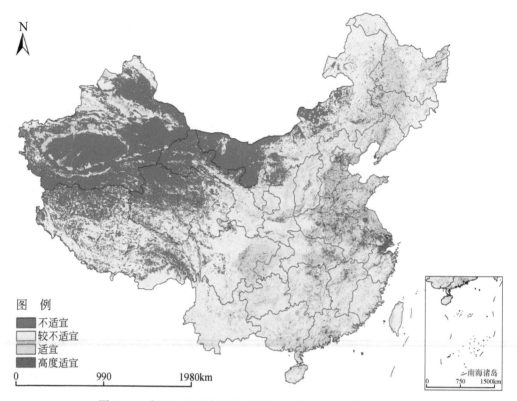

图 2-19　中国地理环境因素对城镇空间布局适宜性综合评价图

表 2-12　城镇布局适宜性综合评价统计表

评价类型	全国土地		所有耕地		水田		旱地		基本耕地	
	总面积 /km²	比例 /%	面积 /km²	比例 /%	面积 /km²	比例 /%	面积 /km²	比例 /%	面积 /km²	比例 /%
不适宜	4 151 572	44.10	61 794	1.49	2 890	0.07	58 904	1.42	21 957	0.53
较不适宜	3 006 360	31.93	473 936	15.76	111 570	3.71	362 366	12.05	149 972	4.99
适宜	1 826 504	19.40	947 146	51.86	235 493	12.89	711 653	38.96	664 470	36.38
高度适宜	430 168	4.57	304 151	70.71	114 519	26.62	189 632	44.08	288 716	67.12

注：基本耕地定义为城镇周围 10km、农村居民点周围 5km 范围内的平原耕地。

　　中国城市发展布局是基于一定的气候、气象、地形和地貌环境，在不同区域的人文条件下，受区域经济发展特点和发展实力的影响，形成中国各地城市分布格局。新中国成立以来，在生产力的配置和社会发展的空间组织方面，城镇布局发展客观上基本符合"点—轴"空间结构系统的要求。在 20 世纪 50 年代，全国重点发展轴线首推哈大铁路沿线，其次是京广铁路的北京—武汉段、陇海铁路的郑州—兰州段。60 年代我国大规模进行"三线"建设，重点开发的轴线大多位于国家的中西部。70 年代前半期，"三线"建设仍在继续，上述几条发展轴线仍是全国工业、交通和城市建设的重点。80 年代以来，我国进入"对外开放、对内搞活经济"的新的发展时期，沿海地带处于有利的战略位置，沿海岸带几十公里的范围内，成为沿海开放地带（260 个市、县计约 32 万 km²）的主体，海岸带作为全国两个最大的发展轴线之一，集中了全国半数左右的重大项目及全国大中城市。长江沿岸轴的建设规模仅次于海岸地带轴。在二级发展轴方面，重点建设的有陇海、胶济、长大、焦枝等铁路沿线和黄河上中游沿岸等产业带，也集中了很多大中城市。

在 50 年的国土开发、经济建设中，这种不同时代的"点—轴"空间发展模式，形成了中国现有的城市、工业、铁路和公路的空间布局特点，现有的这些经济实体的空间布局和分布特点，是 50 年来在"点—轴"式空间扩散经济发展模型的作用下形成的，通过分析中国现有的不同"点—轴"（城市、铁路、沿海和河流）的空间分布特点和其作用区内的城镇布局特征，可以看出"点—轴"空间扩散发展模式对我国城镇布局建设影响非常的显著。

中国东部地区高度适宜城市发展布局的区域，基本以大城市为"点"，铁路公路及河流为"轴"的周边地区，约占国土面积的 4.33%，这些地区地势平坦，气候湿润，交通发达，人口密集，城镇聚集，是大中城市发展的最优先区域。东北地区以哈尔滨、沈阳、长春、佳木斯、大庆、牡丹江等大中城市为"点"，以连接各大城市的铁路为"轴"，其他中小城市在"点—轴"周边地区发展布局。华北、华东地区也以大城市为经济"点"，以铁路、交通和河流为"轴线"辐射的周边区域是中小城市发展潜力最大的地区，新城市群除了特殊的资源原因，一般以大城市为中心，以交通和河流为轴线进行辐射发展，这些区域就是高度适宜城镇布局发展的区域。东部地区适宜城市发展的地区约占国土面积的 10.58%，基本上位于地势平坦的平原区，这些区域以耕地覆盖为主，气候适宜，水源丰富，城镇居民点密集，是发展中小城市的潜力最大的地区。较不适宜和不适宜区域在东部地区分布在山地丘陵和水域覆盖的地方，这些地区因山高坡陡或水域覆盖，交通不便，不适合人类定居生存，是城镇布局禁用的区域。

中部地区高度适宜城镇布局的地区占国土面积的 0.19%，主要分布在河套平原、汉中平原、河西走廊和四川盆地地区，以呼和浩特、太原、西安、兰州、成都、重庆、贵阳和昆明等大中城市群为中心，在其周边地区形成了众多的中小城市，这些地区地势平坦，水源丰富，交通发达，人口密集，是中部经济文化较发达地区，是新兴城市聚集和发展的区域。中部适宜城市发展区域分布在地势平坦，交通较好，以耕地覆盖为主的地区，人口较密集，是中部主要的经济发展区域，约占国土总面积的 6.19%，是中部中小城市发展潜力较大的地区；中部较不适宜城镇布局发展的地方约占 13.43%，主要位于高原、山地和丘陵地区，地势较高，坡度较大，以草地和林地覆盖为主，居民点稀疏，不适宜大中城市的发展，但是可以发展特殊的旅游及资源性城市；不适宜城镇布局发展的地区占国土面积的约 12.67%，基本上位于内蒙古、甘肃的沙漠戈壁地区，气候干燥，水源缺乏，不适宜生命存在，人类更没法在这些地方定居；在云贵高原及青藏高原东部地区，因为地势高峻，坡度极大，地貌类型复杂，也限制了城镇的发展，是城镇发展不能利用的地区。

西部地区占国土面积的约 38%，但是最适宜城镇布局发展的地区仅占 0.05%，主要分布在乌鲁木齐、西宁、拉萨、伊宁、库尔勒、吐鲁番、石河子等大中城市的周边地区，是中小城市发展最快的区域。西部地区适宜城镇布局发展的地区占国土面积的 2.63%，基本上位于绿洲平原和河流谷地区域，这些区域地势较平，水源丰富，交通便利，是新兴中小城镇布局优先利用的地区。不适宜城市发展的区域占国土面积的 35%，新疆广大地区气候干燥，水源奇缺，是限制城市发展的首要因素，主要以沙漠和戈壁覆盖为主；西藏和青海地区，地势高峻，气候寒冷，空气稀薄，以高原草甸覆盖为主，基本是无人居住区，都是城市建设不能利用的区域。

总之，东部地区地势平坦，交通发达，水源丰富，人口密集，经济发达，是大中小城市极宜定居和发展的地区；中部地区因地势和气候的原因，大部分地区城市发展受限，仅在部分平原和四川盆地等适宜城市的地区高速发展。西部广大地区干旱缺水，高寒缺氧，身居内陆，交通不便，严重地影响了经济和城市的发展，仅绿洲和河流谷地等自然条件优越的地区适宜城市发展和人口居住。

第3章 区域城镇空间布局适宜性分析

为进一步分析地理因素对中国城镇布局适宜性的影响，在东、中、西一级分区的基础上，划分了东北、华北、华东、华南、内蒙古、黄河中游、西南、新疆和青藏9个二级区，在每个二级区的基础上深入分析各地理因素对中国城镇布局的影响。

3.1 东北地区

东北地区包括辽宁、吉林和黑龙江三省，土地总面积79万km²。2000年统计人口总数为10 460.56万人，其中农业人口5749.22万（国家统计局，2000），是我国重要的农林牧业和工业基地。东北地区西侧有大兴安岭山地及辽西山地，东侧有长白山地，北部有西北走向小兴安岭山地。三列山地围成半圆形状的马蹄形，其内侧环抱东北平原——依次分布有三江平原、松嫩平原和辽河平原，是我国最大的平原地区之一。大兴安岭以西，属内蒙古高原的一部分。最南部辽东半岛插于黄海和渤海之间，沿海平原狭窄，海岸线约1650km。

东北地区地貌成因类型复杂，地貌形态类型多样，有中山、低山、丘陵、台地和平原等。

东北地区地跨寒温带、中温带和暖温带，具有温带大陆性季风气候的基本特征。冬长而严寒，夏短而温湿，冬季以西北风为主，夏季多为东南风，四季冷暖干湿分明。全区年平均气温为0~10℃。气温年较差很大。东北地区降水量分布特点是从东南向西北递减，且山地多于平原，迎风坡多于背风坡。

东北地区的土壤类型主要有山地苔原土、棕色针叶林土、暗棕壤、灰色森林土、棕壤、褐土、黑土、白浆土、黑钙土、栗钙土、草甸土、灌淤土、沼泽土、水稻土、砂土、盐土、碱土等。由于气候、地貌、植被和土壤密切相关，直接影响土壤的形成和发育，同时也形成了明显的地带性的分布规律。

东北地区的河流发源于山区，流经于平原，自成系统。黑龙江、乌苏里江、图们江及鸭绿江等河流环绕于大、小兴安岭和长白山的外侧，松花江、嫩江及其支流和辽河则主要分布在山地的内侧。受中部一条仅200m的松辽分水岭影响，使松花江与辽河南北分流。东北地区水资源分布东多西少；山区多、平原少；松花江流域多，辽河流域少，而耕地资源的分布则相反，西多东少，从而加重了东北地区西部的干旱和半干旱程度（孙维侠等，2004；王春梅等，2003）。

3.1.1 地理因素对人类居住地适宜性的影响

从高程、年平均降水量、≥0℃积温、≥10℃积温、土地利用类型、土壤侵蚀、坡度和地貌八大地理因素对人类居住地适宜性的综合影响看（图3-1），东北地区八大地理因素对人类居住地适宜性的影响主要受土地利用类型（图3-2）的影响，而其他因素的影响不大。东北平原和三江平原耕地大量分布，适宜人类居住；而小兴安岭和长白山森林分布比较集中，较不适宜人类居住地的分布。而吉林西北部通榆、大安和洮南一带由于沙地、盐碱地和滩涂分布比较集中，不适宜人类居住地的分布。

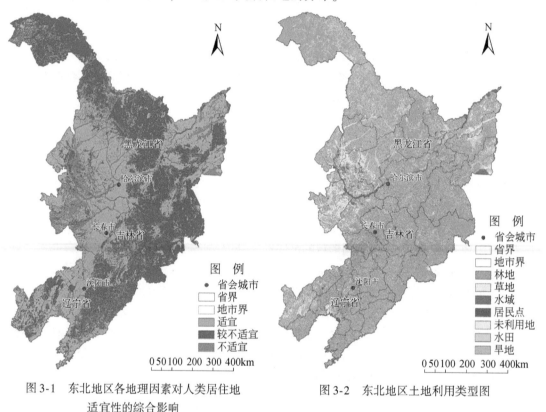

图3-1　东北地区各地理因素对人类居住地
　　　　适宜性的综合影响

图3-2　东北地区土地利用类型图

3.1.2　地理因素对城镇发展的生态限制性的影响

东北地区是中国最重要的天然林区，大兴安岭、小兴安岭和长白山区分布着连绵不断的落叶松、红松及云杉、冷杉和针阔混交林（图3-3）。但是长期以来由于超量采伐，森林资源锐减，如黑龙江省森林资源的减少导致50%的企业无林可采。为了更好地保护森林资源，森林分布区应该划为禁止城镇建设区，而广袤的东北平原和三江平原却是未来城镇发展的适宜地区。

东北地区的湿地资源丰富（图3-4），主要包括以下四部分。三江平原湿地：由黑龙江、松花江和乌苏里江汇合形成，包括众多的支流、湖泊及形成的沼泽地，为我国最大的湿地，仅沼泽面积就达112万 hm^2；嫩江下游湿地：由乌裕尔河、汇入嫩江的阿伦河、都鲁河和许多湖泊形成的沼泽、水域形成，湿地总面积40多万公顷；白城附近湿地：由汇入嫩江的洮儿河、霍林河流域及形成的沼泽和无数小型湖泊组成，湿地总面积20多万公顷；辽河三角洲湿地：由辽河、浑河、大凌河、小凌河等于入海口形成的河滩沼泽组成，湿地总面积 20 多万公顷，这四部分构成了东北湿地的主要部分。湿地作为自然界最富生物多样性的生态景观和人类最重要的生存环境之一，它不但具有丰富的资源，还具有巨大的环境调节功能和环境效益。但近年来由于经济利益的驱动，东北地区大量湿地被开垦为水田，使湿地面积锐减。未来发展城镇建设，特别应该注意保护现有湿地资源，因此湿地存在区应作为禁止城镇建设区。

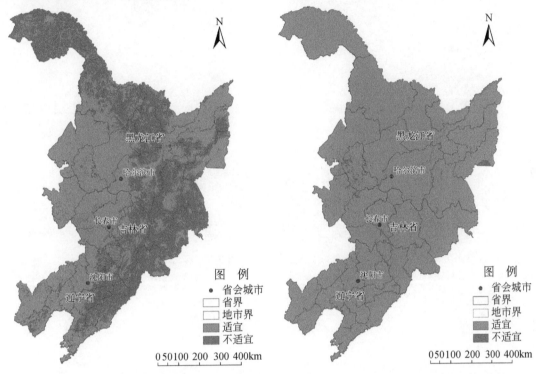

图 3-3　东北地区森林对城镇发展的生态限制性　　图 3-4　东北地区湿地对城镇发展的生态限制性

3.1.3　地理因素对城镇布局的综合评价

从地形、地貌及气候环境对城镇空间布局适宜性综合评价结果看（图 3-5），高度适宜城镇布局的地区主要分布于东北松嫩平原、辽河平原和三江平原；适宜区主要分布在东北平原向小兴安岭的过渡地带以及长白山的东北麓；较不适宜区面积广阔，分布于小兴安岭和长白山及周边的广大地区；不适宜区面积较小，分散于东北地区局部地区。

从水资源及交通人口以及土地利用和居民点对城镇空间布局适宜性综合评价结果看（图 3-6，图 3-7），适宜区仍然集中于东北平原和三江平原，而较不适宜区仍然集中于小兴安岭和长白山山区。

从上述各地理因素对城镇空间布局适宜性综合评价结果看（图 3-8），东北地区城镇布局的特点是：适宜区集中分布于东北平原和三江平原，占东北地区总面积的 49.12%，其中高度适宜占 11.46%，适宜区占 37.66%，较不适宜区集中分布于小兴安岭和长白山山区，占东北地区总面积的 40.94%，不适宜区仅分布于局部地区，占东北地区总面积的 9.94%。

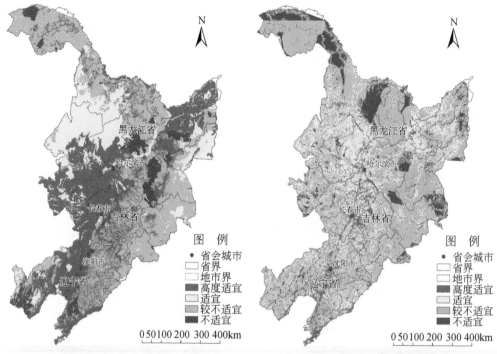

图3-5 东北地区地形气候条件
对城镇空间布局的综合影响

图3-6 东北地区水资源及交通人口
对城镇空间布局的综合影响

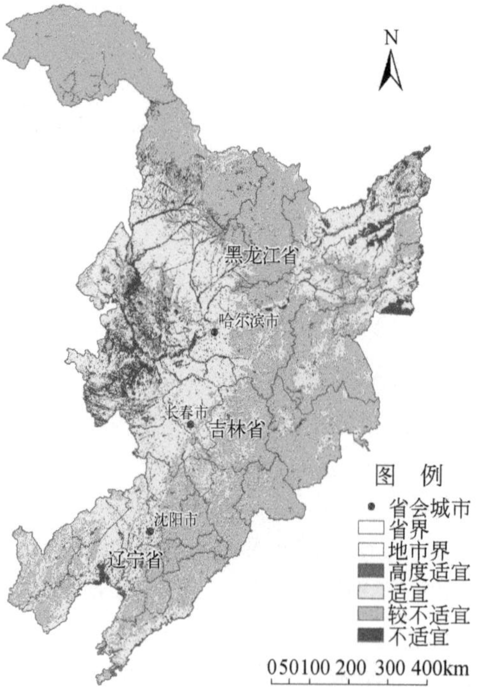

图3-7 东北地区土地利用和居民点
对城镇空间布局的综合影响

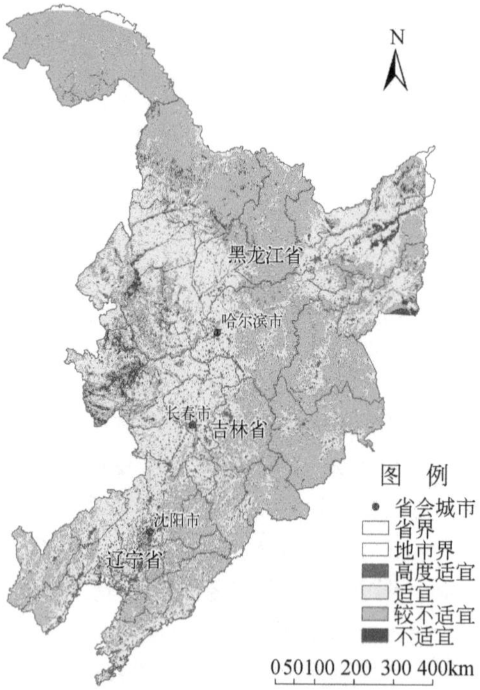

图3-8 东北地区各地理因素
对城镇空间布局的综合影响

3.1.4　东北地区主要城市群空间布局适宜性分析

1. 辽中南城市群

辽中南城市群位于辽东半岛和渤海经济圈的北缘，在由俄罗斯、韩国和中国构成的东北亚经济圈中占有重要地位。该城市群所辖的行政面积共 8.43 万 km²，占全省的 56.5%。以沈阳和大连为两个核心城市（其中沈阳为中国十大超级城市之一），由 6 个地级市辖 12 县 9 市共 335 个城镇（其中 17 个城市，318 个建制镇）组成，城镇密度为每万平方公里 38.4 个。

辽中南城市群的形成最初是由于辽宁中南部地区蕴藏有丰富的煤、铁、石油等资源，通过对当地资源的开发，在这一区域布局了大量的煤炭、钢铁、石油化工等重工业及其上下游的配套产业，加上发达的、密集分布的铁路交通网络的作用，大量的能源工业、钢铁工业及其上下游产业在沿长（春）大（连）铁路线的辽宁省的中南部集聚，由此兴起了一批密集分布的工业城镇，这些城镇之间由于地域劳动分工而具有密切的联系，最终形成了辽中南城市群。

随着经济和社会的快速发展，辽中南城市群资源和环境问题日益突出，辽中南城市作为老工业基地，工业中 70% 是重工业，重工业中 63% 以上是资源开采和原材料加工业。人与自然的协调发展相对于其他地区来说显得更为重要。辽中南城市群在推进工业化进程中付出了沉重的代价：矿产、淡水、森林和耕地资源逐渐消耗，有的资源已低于全国平均水平，在资源逐渐枯竭之后，城市的可持续发展受到严重限制。同时，由于工业的发展，环境污染问题成为一个无法回避的问题。大气、河流和农田污染使得生态恶化和土地退化，也造成了巨大的经济损失和社会问题。例如，辽河位列全国三大污染河流之一，年接入排放废水 18 亿 t。辽宁省人均水资源占有量仅为全国人均的 1/3，2001～2009 年，辽西北地区水资源人均水资源 282m³，还不到辽宁省人均水资源的一半；辽西北水土流失面积 4530 万亩（1 亩≈666.7m²），占该地区总土地面积的 46%（高前兆和李小雁，2002；周启星，2002）。另外辽中南地区还存在很多环境地质问题，按其成因可分为自然环境地质问题和人为环境地质问题，但二者不是决然分开的，经常是互相交叉互为因果的。在环境地质问题中，比较突出的是生态环境问题——洪涝灾害、水土流失和土壤沙化；其次是地震和砂土液化问题，海城地震调查资料表明，砂土液化是建筑物破坏的基本原因；边坡失稳和泥石流往往是自然和人为两种作用的结果，这些问题发生在交通干线上和大城市中危害十分巨大，如大连市内的南山建筑群边坡稳定性问题就是个典型，还有抚顺露天矿高边坡失稳问题也是引人注目的；环境水文地质方面突出的问题是沈阳首山开采降落漏斗的持续发展问题，大城市附近地下水污染以及大连滨海岩溶含水层的海水入侵问题，这些问题的最大危害是破坏了宝贵的地下水资源（沈阳市水利局，2002；张岳，2000）。

因此辽中南城市群在未来的城镇发展过程中，应注重综合开发和有效利用资源，依法保护生态环境，继续推进实施天然林资源保护工程，鼓励发展生态农业，大力推动环境污染预防与治理，促进城乡环境综合质量明显改善。推行清洁生产和生态工业，加强城市环境基础设施建设，使经济社会发展规划与环境、资源的保护相协调。

2. 长–吉城市群与哈尔滨都市圈

长–吉城市群位于吉林省中部以长春和吉林为核心城市，包括九台、永吉、公主岭、伊通、磐石、桦甸、蛟河、舒兰、榆树、德惠和农安的城市群，在方圆 5 万 km² 范围内居住着 1200 多万人口。如果加上流动人口，该地区聚集着近 1500 万人口。

哈尔滨都市圈是以哈尔滨市市区为中心，以铁路、公路等交通通道为拓展轴线，以 100km 左右为半径构筑的潜在都市圈。远景形成"一核五拓"的"星座式"布局结构，即哈尔滨中心城区与阿城、双城进一步整合发展形成"都市核心圈"，与宾县、五常、尚志、肇东和绥化进一步拓展形成五个外围的卫星城，各城区之间均有快速道路相连接，并以绿色生态廊道相隔离，形成联系紧密的"网络化组合城市"。

制约本区未来城市发展的主要环境因素有以下六个方面。

1）盐碱化、沼泽化

本区土地盐碱化主要分布在低平原的闭流洼地中、高平原的高中洼地带和一些山前扇形平原的边缘地带，总面积约 2.43 万 km²，约占全区面积的 19%。本区土地沼泽化主要分布在松嫩低平原及河谷平原，大体与盐碱化分布一致，但范围略小，松嫩平原沼泽化地段总面积约 1.89 万 km²，多流或半闭流的盆状洼地，水草茂盛，易涝成灾，粮食减产，影响农牧业生产的发展。前郭、洮儿河、梨树等灌区和引嫩工程（南引、中引和北引）引地表水灌溉区，要建立完整的灌排系统，以避免在治理老问题的同时，产生新的次生盐碱化。沼泽地可发展养苇业，较大淡水湖泊可发展养鱼业，亦可开垦水田种稻。对生态原始，水草茂盛，水禽众多的沼泽化地区，可辟为自然保护区，如黑龙江省的扎龙和吉林省的向海自然保护区。

2）地下水位下降

位于松辽平原的城市（大庆、哈尔滨、长春、四平、公主岭、九台、大安和德惠），由于近十几年工业迅猛发展，人口增长，需水量不断增在，出现了因不合理超量开采地下水而形成地下水位降落漏斗和疏干区，造成水量衰减，水位下降，水质恶化，甚至出现抽空吊泵现象，导致供水井报废，形成供水紧张局面。各城市地下水位降落漏斗情况见表3-1。

表3-1　地下水位降落漏斗一览表

市县名称	漏斗面积/km²	漏斗中心最大水位埋深/m
大庆	东部 1000.00	41.85
	西部 4000.00	>38
哈尔滨	270.00	>23
长春	66.50	46.10
四平	82.03	31.94~53.64
公主岭	37.07	39.54
九台	4.50	10.10
大安	20.00	—
德惠	2.50	18.56

3）地面沉降

本区地面沉降系因煤矿采煤掏空所造成。区内煤矿多分布在伊舒槽型盆地、蛟河、辽源盆地及高原的九台、刘房子等地。据调查，有的煤矿已产生地面沉降，如舒兰东富煤矿地面下沉 1～2m；辽源西安零区地面最大下沉值为 262mm；营城煤矿上家二井地表最大下沉值为 116mm；营城九井地面最大下沉值为 1520mm，营城十井地表平均下沉值近 200mm。地面沉降破坏道路和农田，甚至使建筑物出现裂缝，不能居住，必须采取有效措施进行防治或综合治理。除采取必要措施用建筑物、结构物加固外，多利用碎石或粉煤灰复田，复田后用作建筑或复种；挖深垫浅，利用沉陷区发展养殖业；依下沉地形综合规划，修建文化乐园等。

4）水土流失

主要分布于长白山、大兴安岭山地和高平原。由于山地新构造运动表现为缓慢隆起抬升、拱升抬起；高平原大地构造处于松辽坳陷之东南隆起带，新构造运动以垂直升降为水土流失。人类经济活动，诸如乱砍滥伐、毁林开荒及大型工程建筑等，破坏了森林植被，加剧了水土流失。水土流失使耕地面积减少，土层变薄，地力减退。耕地每年平均流失表土 0.6～1.0cm，折合 666.7m^2（每亩），流失表土 5t，造成湖库、江河淤积，森林资源减少，生态平衡失调。如不采取有效的防治措施，水土流失仍将继续发展，吞噬土地，严重影响农牧业生产的发展。

5）沙漠化

主要分布于风蚀风积低平原的大安、乾安、前郭和泰来一带，高平原的农安、梨树西部一带亦有分布，面积约 8156km^2。由于风蚀风积低平原处于半干旱、多风（春季最大风速近 40m/s）的气候区和地表裸露疏松沙物质等自然因素，加之不合理的活动，过分垦荒。过量开采地下水，过度放牧超出了草场放牧的负载，致使草原绿色植被遭到破坏，一些固定或半固定沙丘活化，导致草场沙化、碱化和退化日趋严重，给生态环境和土地利用带来严重影响。

6）水污染

水污染包括地表水污染和地下水污染。流经各城市的江河大多为工业废水和生活污水的承受体。特别是近十几年，由于工业生产的迅猛发展，大量未经处理的废水直接排入江河，地表水污染日益严重。工业、农业和生活三种类型的污染源是造成地下水污染的主要物质来源。工业"三废"（特别是废水）和生活污水的任意排放，大量施用农药化肥和引污水灌溉，经长期不断的淋溶渗入，超出了地层岩性和地下水本身的自净能力，导致地下水污染。就地域而言，城市和城镇地下水污染较重，以工业和生活污染为主；而乡村地下水污染轻或未污染，多为点状污染，以农业和生活污染为主。

3.1.5　本区小结

本区高程、年平均降水量、≥0℃积温、≥10℃积温、土壤侵蚀、坡度、地貌等地理因素对城市发展影响不大，松嫩平原、辽河平原和三江平原为城市发展提供了广阔的空间，但在未来城市发展过程中要注意保护现有耕地、森林和湿地资源。辽宁省位于本区最南端，自然条件比较优越，在加快城市基础设施和生态环境建设的同时，更要注意保护耕地资源；吉林省从东到西自然形成东部森林生态区、中东部低山丘陵生态区、中部平原生态区和西部草原生态区，西部草原生态区生态环境最为薄弱，要注意防治草原盐碱化、荒漠化；黑龙江省地处边疆，自然资源丰富，耕地面积和森林蓄积量居全国首位，是重要的商品粮基地，城市发展要注意保护森林和湿地资源。

本区因其丰富的石油、煤炭等地下资源和农业资源，成为资源密集的经济区，一直是重要的重化工基地和农业基地。根据2002年国家发展和改革委员会（以下简称国家发改委）的研究结果，我国共有资源型城市118个，其中东北地区共有资源型城市30个（黑龙江13个，吉林10个，辽宁7个）。由于本区城市很大一部分建立在可再生或不可再生资源的基础上，即使不在"资源型城市"定义范围内，也对资源有着强烈的依赖，因此在未来城市发展过程中需要注意以下三点。

（1）因地制宜，根据本城市资源类型和特点探索可持续发展的道路。东北地区资源型城市数量众多，资源类型各不相同，应根据自身的资源特点，确定今后的发展方向。

石油天然气开采类城市，应实施石油产品的后续加工，把"原料矿业"转化为"成品矿业"，最大限度地提高资源的附加值。在资源开发的基础上，发展下游加工业，建立起资源深度加工利用的产业群。要利用新思路、新技术对现有油田进行再评估和再开发，用各种办法来提高油品的使用效益并减少对油品的浪费，以延长资源的使用年限。同时在扩大利用天然气资源上下工夫，坚持发展多种能源，实现能源的转化利用，开拓海外石油生产，加入到国际分工中。建设原油战略储备体系，以求缓解石油短期危机。

煤炭采运业为主的资源型城市要调整产业结构，发展替代产业。产业结构调整是煤城可持续发展的关键。调整产业结构的关键在于主导产业的选择和积极培育替代产业，以煤炭资源为主的城市发展后期，一般选择与煤相关的其他重工业部门作为替代产业或专业化部门。新产业中，更应适当提高高新技术产业的比重，强调技术革新，增强竞争能力。东北地区资源型城市应注意开发利用塌陷地，促进矿区生态恢复，发展非煤产业，保护水源，推广节水工艺和节水技术，按先生活后生产顺序确保安全用水，推行清洁生产和矿产开采新工艺，对矿井废水、废气进行综合整治和开发利用，发扬愚公移山的精神修复环境。

木材采选业为主的资源性型城市应调整森林结构，科学经营森林。从调整林业结构入手，结合机构改革，采取调整土地利用结构与调整产业结构、多种经济成分比例，尽快地把富余人员分流并转移到农、牧、副、渔生产战线中，转移到集体、个体经济上去，尽快地减轻森林资源压力，减轻国有企业的负担，确保森林资源结构调整健康有序地进行。

（2）调整现有产业结构，提高资源配置效率。东北地区产业结构调整改造的方向最重要的是加快国有企业改革，加快发展民营经济，建立适应市场经济要求的、有利于生产力发展的经济体制和运行机制。产业结构调整主要是发展接续产业，包括产业地域空间的重构。资源型城市接续的适宜产业选择应依托现有资源和条件，结合本地区的实际情况，确立适合本地发展的目标。调整现有产业结构，改变以往重复建设，结构趋同，产业在相同水平上过度扩张的内耗局面，加强技术创新，开发新产品，形成新产业。

（3）开拓新思路，完成资源型城市的转型，加强区域合作。就我国国情看，对于原有资源区域枯竭，而尚未形成替代产业的资源型城市，个别的小规模迁移，如沉陷区的人口搬迁，个别枯竭矿区镇的迁移可能实现，但大规模的城市人口迁移是不可能的，绝大多数资源枯竭城市需要实现主导产业转型。这类城市的转型，是东北地区目前面临的紧迫问题。各个资源型城市应根据自身的资源特点和现有条件，积极探索不同类型的转型方式，寻求继续发展的突破口，因地制宜、因时制宜地进行本地区的城市转型。

3.2　华 北 地 区

华北地区包括河北、山东和河南三省及北京、天津两个直辖市。本区地势表现为西高东低，大部为华北平原，仅在西部和北部包括太行山和燕山的局部地区。华北地区是我国政治、经济、文化中心和主要粮食生产基地，中国的首都北京就坐落于平原的西北隅。百万人口以上的大城市还有天津、石家庄、唐山、太原、郑州、济南等。

3.2.1　地理因素对人类居住地适宜性的影响

从高程、年平均降水量、≥0℃积温、≥10℃积温、土地利用类型、土壤侵蚀、坡度和地貌八大地理因素对人类居住地适宜性的综合影响看（图 3-9），华北地区适宜人类居

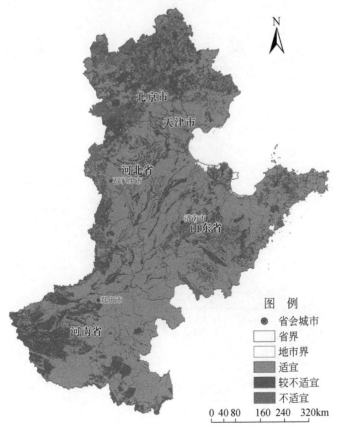

图 3-9　华北地区各地理因素对人类居住地适宜性的综合影响

住地的面积占全区的64.07%，占绝对优势，分布于华北平原的广大地区；而较不适宜区和不适宜地区的面积分别占28.78%和7.15%，其中较不适宜地区主要分布于北部燕山山脉、西部大巴山东麓以及西南部的伏牛山地区，这里森林和高覆盖草地比较集中，加上微高地、台地以及大起伏山地的存在，较不适宜人类居住；不适宜地区面积少，只在本区的西北部少量存在。可见华北地区地理因素对人类居住地的影响还是以有利的影响为主，主要受土地利用类型、地貌、坡度以及土壤侵蚀的控制，呈现由东向西适宜性减弱的趋势。

3.2.2　地理因素对城镇发展的生态限制性的影响

从森林、自然保护区、湿地、河湖水体、地形（坡度）、基本农田保护区、土壤侵蚀和地质灾害八大地理要素对城镇发展生态限制性的综合评价结果看（图3-10），各地理因素对华北地区城镇发展生态限制作用明显。适宜城镇建设的区域主要分布于山东丘陵南部、山东半岛沿海地区以及海河平原北部地区。而不适宜城镇发展的地区面积广大，北部燕山山脉、西部大巴山东麓和西南部的伏牛山地区尤为集中。从各生态限制性因子的单独

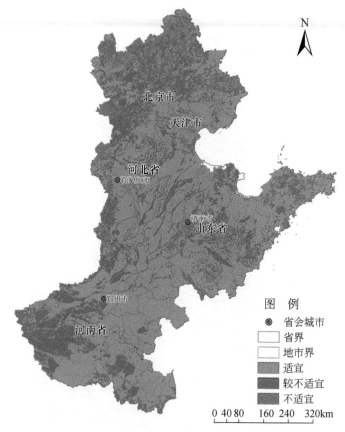

图3-10　华北地区各地理要素对城镇发展的生态限制性的综合影响

评价结果看，森林、基本耕地和地质灾害的限制性较强。华北地区森林主要分布于南部伏牛山和北部燕山山区（图3-11），对该地区生态环境的维持和改善尤为重要，城镇建设过程中应加强保护。华北地区基本耕地主要分布于华北平原（图3-12），河南、山东存在较大的人口压力以及本区域经济的高速发展，尤其是京津唐经济文化中心的辐射作用，使该地区基本耕地的保护面临着巨大的压力。从地质灾害在本区的分布看（图3-13），北部燕山山脉、西部大巴山东麓和西南部的伏牛山地区以滑坡、崩塌为主，不适宜城镇建设的发展，而东部的山东丘陵局部伴有矿区塌陷，渤海湾滩涂地区土地盐碱化明显，较不适宜城镇建设的发展。

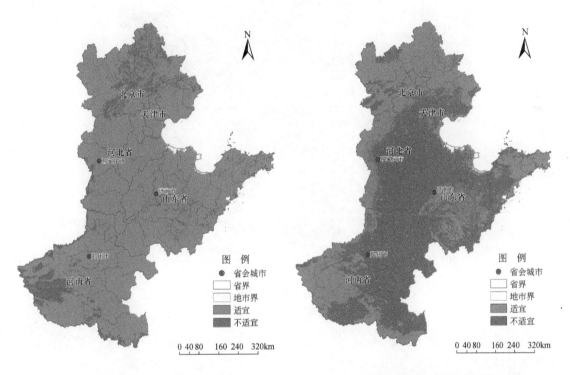

图 3-11　华北地区森林对城镇发展的　　　　图 3-12　华北地区基本耕地对城镇发展的
　　　　生态限制性的影响　　　　　　　　　　　　生态限制性的影响

3.2.3　地理因素对城镇布局的综合评价

从地形、地貌及气候环境对城镇空间布局适宜性综合评价结果看（图3-14），海河平原和黄淮平原适宜城镇布局，其面积占整个华北地区的64.89%，其中高度适宜城镇布局的面积占整个华北地区的39.13%；适宜城镇布局的面积占整个华北地区的25.76%；不适宜和较不适宜地区主要分布于北部燕山山脉、西部大巴山东麓、西南部的伏牛山地区以及东部的山东丘陵和山东半岛，其面积占整个华北地区的35.11%，其中较不适宜区占19.40%，不适宜区占15.71%。

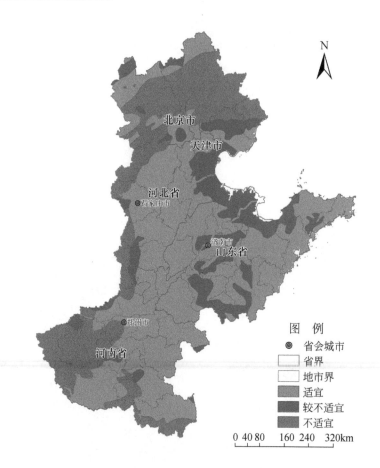

图 3-13　华北地区地质灾害对城镇发展的
生态限制性的影响

从水资源及交通人口对城镇空间布局适宜性综合评价结果看（图 3-15），适宜区和高度适宜区分布于华北平原的广大地区，其面积占整个华北地区的 86.06%，其中高度适宜区占 30.50%，适宜区占 55.56%；不适宜和较不适宜区主要分布于北部燕山山脉、西部大巴山东麓以及西南部的伏牛山地区，其面积占整个华北地区的 13.94%，其中较不适宜区占 13.90%，不适宜区仅 0.04%。

从土地利用和居民点对城镇空间布局适宜性综合评价结果看（图 3-16），适宜区仍然集中于华北平原的广大地区，而较不适宜区仍然集中于北部燕山山脉、西部大巴山东麓和西南部的伏牛山地区，不适宜、较不适宜、适宜和高度适宜区的面积所占比例分别为 2.13%、25.43%、68.31%、4.13%。

从上述各地理因素对华北地区城镇空间布局适宜性综合评价结果看（图 3-17），华北地区城镇布局的特点是：适宜区分布于华北平原的广大地区，较不适宜区分布于北部燕山山脉、西部大巴山东麓和西南部的伏牛山地区，在适宜区中伴有局部的高度适宜区，在较不适宜区中伴有不适宜区。京津唐地区为城镇布局的适宜区，但基本耕地是该地区城镇建设的生态限制性因子，因此在未来城镇建设发展和布局的过程中要注意保护基本耕地资源。

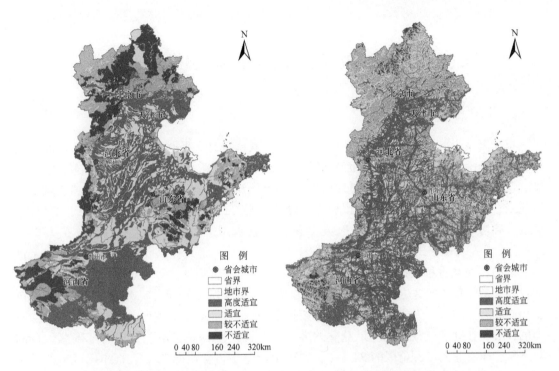

图 3-14　华北地区地形及气候环境
对城镇空间布局的综合评价结果

图 3-15　华北地区水资源及交通人口
对城镇空间布局的综合评价结果

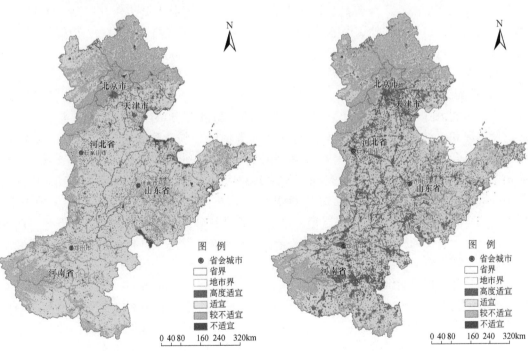

图 3-16　华北地区土地利用和居民点
对城镇空间布局的综合评价结果

图 3-17　华北地区各地理因素
对城镇空间布局的综合评价结果

3.2.4 华北地区主要城市群空间布局适宜性分析

1. 京津唐城市群

京津唐城市群地处东北亚的中心位置，位于我国华北大平原的北隅，西面和西北为太行山脉和燕山山脉所环绕，东南面为华北平原的北部平川，东北与辽宁接壤，东有渤海与东北亚各国隔海相望。海岸线北起山海关，南至天津岐山，全长约560km。京津唐城市群以北京、天津"双核"为主轴，以唐山、保定为两翼，包括了北京、天津及河北的唐山、保定、廊坊等2个直辖市、3个地级市和5个县级市，面积为184 957km²，总人口为6781.57万人（国家统计局，2000）。京津唐城市群历来是我国文化教育中心，北京是世界著名的"文化古都"，是我国近代科学、文化机构建设最早、最集中的地方，是我国目前科技力量最集中的地方。京津唐城市群除了三个特大城市外，大城市数量少，中小城市也相对缺乏。北京、天津、唐山三市是该地区人口、产业高度集聚区，是地域城市群强有力的核心，在地理位置上呈三足鼎立的多中心组团式结构。三市总人口占全区总人口的45.5%，非农业人口占全区的84.2%，国民生产总值占全区的79%。京津唐城市群是全国一级的中心城市群，是国家首都所在地和带动整个华北地区及部分西北、东北地区的中心城市群，同时也是我国经济发展的基地。北京不但是全国的政治、文化中心，而且也成为全国重要经济中心。天津曾是仅次于上海的综合性工商业大城市，其产品3/4闻名全国，为我国第三位综合性外贸大港。唐山是冀东最大的政治经济文化中心，以煤、铁为主的能源和原材料基地（陶文东和安筱鹏，2004；张文忠，2006）。

制约本区未来城市发展的主要环境因素有以下六个方面。

1）地面沉降

本区地面沉降主要是过量开采地下水造成的。20世纪50年代末至1988年，天津市区、塘沽区和汉沽区三个漏斗中心地面累计沉降量已分别达到2.63m、2.83m、2.15m，其中地下水开采量迅速增加的1967~1988年的沉降量分别为2.28m、2.29m、2.02m，也就是说累计沉降量的81%~94%是在1967~1988年发生的。天津、廊坊南部和唐山西南部累计沉降量大于100m的范围已达12 000km²。此外，北京和廊坊市区也已超采地下水，特别是北京城近郊区，自70年代以来，过量开采地下水，导致地下水位持续下降，西郊玉泉路、丰台、卢沟桥等地含水层已被疏干或处于半疏干状态，其他地区单井出水量和水源厂的供水能力衰减；东部上部承压含水层也已部分被疏干，其面积已达232km²。已在东郊、东北郊出现地面沉降，到1987年，沉降中心沉降量达619mm。地面沉降使塘沽有5km²地面低于海平面，汉沽约有20km²地面与海平面持平，沿海地区大都低于最高潮位（4.72m），处于被淹没的威胁之下。此外，地面沉降，加重了风暴潮的威胁，并给河道泄洪、水陆交通和地面建筑带来严重影响（北京市水务局，2006；天津市水务局，2009）。

2）水质恶化与水质污染

各种污水与固体废弃物的排放，已使区内地下水资源受到不同程度的污染。1989年北京城近郊区总硬度和硝酸盐的超标范围已达 270km² 与 140km²。水源一、四、七厂出厂水的总硬度均已超过 25 德国度①。此外，廊坊市的中南部以及唐山市东西两侧地下水总硬度也已超过生活饮用水水质标准，累计超标面积超过 6500km²。氟的超标范围也较大。随着乡镇、村办工业的发展，地下水污染有扩散的趋势。北京、唐山等地均有五毒超标区的零星分布。这些地下水用于饮用，已经或正在给人体健康造成危害。从总的情况看，浅层地下水的污染比较严重，已对生活和工业用水造成影响。深层地下水污染还较轻，但由于井孔的施工和使用缺乏科学的监督管理，污染的浅层地下水或上层咸水与深层水串通，从而污染了深层淡水资源。与地表水比较，地下水不那么容易被污染，但一旦被污染，治理将更加困难。加强地下水开发利用的监督管理，防止地下水污染是关系我们健康和子孙后代的大事，应引起我们足够的重视（郑连生和于亚博，2007）。

3）海水入侵

本区的海水入侵主要发生在秦皇岛市枣园水源地及海港区。由于过量开采，1987 年地下水位已降到 −0.95 ~ −0.84m，低于高潮位，枯水季节强化开采，容易造成海水入侵。20 世纪 80 年代，海水入侵的范围达 23km²，使其中地下水矿化度、氯离子的含量升高，超过生活用水和灌溉用水标准，曾造成禾苗枯死事故。目前海水入侵范围仍以每年 16 ~ 22m 的速度向北推进，引青济秦，应适当压缩地下水开采量，以阻止海水北进（李灏等，2007）。

4）岩溶塌陷

本区的岩溶塌陷主要发生在唐山市区和秦皇岛市柳江水源地，由于过量开采地下水，矿坑排水和地震诱发的岩溶塌陷坑 1100 多个，坑的直径一般为 2 ~ 5m，深数米。其中约 80% 为 1976 年唐山大地震引发的，余为过量抽取地下水或矿坑排水的结果。柳江水源地 1987 年 6 月投产，到 1988 年 6 月一共出现塌陷坑 286 个，塌陷面积 0.28km²，出现四条地裂缝，危及房屋 70 余间；1984 年 6 月，唐山范各庄煤矿发生岩溶塌陷突水事故，损失达 5.6 亿元。总之，岩溶塌陷破坏耕地、地面建筑和矿井，不仅造成经济损失，还给人民造成心理负担（王静爱等，2003）。

5）城市垃圾

本区五个主要城市，每年共排入工业废渣 2881.6 万 t、生活垃圾 532.7 万 t，粪便 290.2 万 t，多堆放在城市近郊的矿石坑、砖窑、池塘、洼地、采矿塌陷陷坑、河畔、山麓、渠旁和明沟，甚至占用大片农田。随着城市人口及经济的发展，城市垃圾及废弃物逐年增多，将会产生已有废弃物堆积场被填满后乱堆乱放现象，这必然会污染环境、污染地表水及地下水，造成疾病传播等许多不良后果。经调查，目前在北京朝阳区平房及小武基、房山、平谷、昌平等县（区），北京西郊及西南郊地区等垃圾堆放场已经发现废弃物污染组分，污染了地表水及地下水水源地，造成肝吸虫病、肠道传染病及鱼塘死鱼等事故的发生。城市垃圾逐年增多，危害甚烈，已成为京津唐地区的主要环境地质问题之一（王明浩等，2005；张广威和漆晗东，2003）。

6）地震

本区为地震多发地区，地震活动频繁。自公元 274 年以来，北京地区就有了地震记

---

① 德国度，每一度即相当于每升水中含有 10mgCaO。

载，据不完全统计，5 级以上地震曾发生过 31 次，8 级地震 1 次，7 级地震 2 次。地震主要分布在平原区、山区与平原交界线附近及盆地中。山区发震较小，且震级也小，多分布在断裂线附近和断裂交汇处附近。3 ~ 5 级地震的震中常在地震带内重复。而大于 6 级地震未见震中重复现象，且有震中自西向东迁移的现象。

2. 山东半岛城市群

山东半岛城市群位于黄海、渤海之间，陆地海岸线长 2930km，近海岛屿约 240 个。本区属暖温带季风气候，多年平均气温 12 ~ 13℃，降水量 650 ~ 910mm。地表水系除黄河外，均属独流入海的边缘水系。行政区划包括：青岛、烟台、威海、潍坊、淄博、日照、东营等七市，总面积 5.97 万 km²，总人口 3033 万。目前，山东半岛城市群已经跻身于全国六大城市群行列，山东省 48 个城市，有 30 个在半岛地区，已形成 3 个特大型城市，3 个大城市，24 个中小城市。本区聚集了山东省主要的优势资源和先进生产力，是带动山东省经济超常规、高速度和跨越式发展的"龙头"区域，也是山东省发展水平最高，潜力最大，活力最强的经济区域（盖文启，2000）。

尽管拥有巨大优势，但山东半岛城市群自身还存在着许多制约发展的因素，主要包括三方面。

1）水资源短缺、供需矛盾突出

淡水资源不足已成为本区发展的突出"瓶颈"，本区现状实际供水量 73.0773 亿 m³/年，总水资源开发利用程度 50.55%。地表水可利用量 37.5376 亿 m³/年，开发利用程度 35.33%；地下水实际开采量 35.5397 亿 m³/年，开发利用程度 92.75%，见表 3-2（山东省水利厅，2008）。

表 3-2　山东半岛水资源开采利用程度统计表

	项目	青岛市	烟台市	威海市	潍坊市	淄博市	日照市	东营市	全区
地表水资源	可利用量/亿 m³	5.8874	9.4476	3.9736	14.7266	1.5626	1.9343	0.0055	37.5376
	天然径流量/亿 m³	21.09	28.80	15.80	25.69	5.04	5.37	4.46	106.25
	开发利用程度/%	27.92	32.80	25.15	57.32	31.00	36.02	0.12	35.33
地下水资源	实采量/亿 m³	6.0314	6.9725	1.8557	12.6743	6.6051	0.2854	1.1053	35.5397
	开采资源/亿 m³	6.4175	7.2154	2.0220	14.0415	6.5511	0.4469	1.6253	38.3197
	开采程度/%	93.98	96.63	91.78	90.26	100.82	63.86	68.01	92.75
总水资源量	实供量/亿 m³	11.9188	16.4201	5.8293	27.4109	8.1677	2.2197	1.1108	73.0773
	可开采量/亿 m³	27.5075	36.0154	17.822	39.7315	11.5911	5.8169	6.0853	144.5697
	开采程度/%	43.33	45.59	32.71	68.99	70.47	38.16	18.25	50.55

地下水严重超采区有：青岛市区、龙口市、莱州市、威海市区、昌乐县、临朐县、张店、淄川区和广饶县，超采面积为 8257km²，占全区面积的 13.8%；有一定开采潜力和略有开采潜力的地区有：胶南县、莱阳市、临朐县、博山区、日照市、东营市区、河口区、垦利县、利津县、牟平县、寿光县和文登市，面积为 20 103km²，占全区面积 33.7%；余下均属采补平衡区，占总面积的 52.5%。山东半岛现状在保证率为 50% 时，供水量为

82.0457亿m³/年，需水量为98.3176亿m³/年，缺水16.2719亿m³/年；2000年在保证率50%时，供水量91.5598亿m³/年，需水量147.4639亿m³/年，缺水55.9041亿m³/年。水资源不足，已经严重制约了本区城市建设的发展（王浩等，2002）。

2）水质污染

地表水污染状况比较严重，区内主要被污染的河流20条，污染最严重是小清河，据调查，小清河沿途共1150个工厂的2.4亿t/年的废水通过支流汇入小清河。其他污染较严重的河流有淄河、朱龙河、潍河和弥河。另外海湾水体污染严重，莱州湾的污染物来自小清河、弥河、白浪河、潍河。胶州湾有大沽河、城阳河、白沙河、洋河等携带的污染物排入湾内，据统计胶州湾有污染源550个，废水总量8800万t/d。此外芝罘湾、丁字湾、套子湾等污染也较严重。

地下水局部地区也受到污染，据调查上系孔隙水水质较差，主要分布于城市市区、近郊农业污灌区、小清河灌区、北部平原和东部滨海地带，水中常规离子含量普遍接近或超过饮用标准（赵明华，2006）。

3）主要地质灾害

山东半岛的地质灾害主要表现为海（咸）水入侵、地面塌陷、地裂缝、土壤盐渍化、水土流失等。

区内海（咸）水入侵始于20世纪70年代末期，近年来有不断扩展的趋势。主要分布于莱州市—龙口市一带和烟台市区、青岛市区、胶南、日照等沿海地带，其中莱州市—龙口市一带最为严重。莱州市地下水负值区已达251.70km²，占全市面积的58%，水位超过−10m的地区面积达202km²。由于地下水质严重变化，截至1987年莱州市工业产值减少600多万元；龙口市1984年海水入侵面积64.5km²，1988年为78.1km²，四年平均每年入侵3.47km²。由水质变咸造成的直接经济损失为2000多万元；寿光县滨海平原有5处发生海水入侵，面积约5.4km²，青岛市区海水入侵面积达17km²；寿光县王高乡附近，北部咸水沿东西向咸淡水界面南侵200多米，每年以73.3m的速度向南推进，使不少水浇良田变成盐碱地，每年粮食减产2000多万公斤。

本区水土流失情况比较严重，近年来由于久旱少雨，地下水干枯，地下水位下降，生态环境问题进一步扩大，不仅有水土流失，而且进一步引起土地沙化，土层石化和天然草地退化。据有关数字表明土地石化速度在灰岩地区为1.93%，砂石山区为1.36%。造成水土流失的原因：一是自然因素综合作用，其中以降水量的大小为主导，大雨形成的山洪具有极大的冲刷力和破坏作用；二是人类对固土条件的破坏，如盲目的开荒、垦殖、滥伐森林、破坏植被等。

本区盐渍土主要分地莱州湾南岸及其他沿海地带，总面积1348.81km²。其中，中度盐渍化土壤为496.2km²，重度盐渍化土壤为852.61km²。据调查证实，土壤可溶盐的含量与作物受害程度呈正相关，可见区内大面积盐渍土给农业造成的影响是严重的。

3. 中原城市群

从空间形状上看，中原城市群是以河南郑州都市圈为中心，以洛阳为次中心，开封、新乡、焦作、许昌、平顶山、漯河、济源等中心城市为结点构成的紧密联系圈。中原城市群土地面积 58 764km²，人口 3895 万，2003 年实现了 1284 亿元的全社会固定资产投资总额和 1380 亿元的社会消费品零售总额。中原城市群土地面积虽然只占河南省总面积的 35.1%，但其人口、生产总值、全社会固定资产投资总额和社会消费品零售总额分别占河南省的 40.3%、55.2%、55.6%、56.9%，其人均生产总值高出全省近 37 个百分点。中原城市群的城镇化水平比全省平均水平高出 8.3 个百分点，其产业结构也更为合理，这对于带动中原地区的城镇化和实现产业结构升级将起到巨大作用。目前就总体经济实力和发展潜力来看，中原城市群和武汉城市群处于并驾齐驱的态势，二者分别是黄河经济带和长江经济带发展的中部战略支点，在实施中部崛起战略中发挥着极为重要的作用（冯德显等，2003）。

从中原城市群未来发展看，五大优势为其崛起奠定了基础。

优势一：经济实力较强。2003 年，本区域的 GDP、财政收入分别占河南省的 55.2% 和 55%；工业增加值在 GDP 中比重达到 46.2%，占河南省工业增加值的 59.6%；第三产业增加值占河南省的 59.9%；社会消费品零售总额和出口总额分别占河南省的 56.9% 和 75.5%；年末居民储蓄余额达 2852 亿元，占河南省的 58%。金融、房地产、现代物流等服务业发展迅速（冯德显等，2003）。

优势二：区位优势明显。本区域处于我国陇兰经济带的中间部位，东邻发展势头强劲的沿海经济发达地区，西接广袤的西部地区，对承东启西，拉动中部崛起具有重要作用。中原城市群是全国现代陆路交通的重要枢纽和通信枢纽之一。随着连霍、京珠、阿深等高速铁路的贯通和国家规划建设的陇海、京广高速铁路客运枢纽在郑州的形成，区位优势将更加突出。此外，西气东输和南水北调中线工程将极大地改善本区域的经济和社会发展条件。

优势三：矿产和农业资源丰富。已发现的矿种超过河南全省 3/5。其中钼矿、铝土矿、水泥灰岩、煤炭、耐火黏土等矿产资源，在河南省乃至全国占据明显优势。粮食、油料、生猪、肉牛、花木、烟叶、中药材等农产品资源也在全省和全国占有重要地位。

优势四：各具特色的多种产业基础。中原城市群是我国中西部重要的能源、原材料和装备制造业基地。郑州的汽车、卷烟、电子信息制造业、铝工业和商贸流通等比较发达。洛阳是全国重要的老工业基地之一，铝电、石化、建材等产业基础雄厚。平顶山和焦作是大型能源基地。漯河的食品工业，许昌的电力装备制造业等全国闻名。

优势五：厚重的文化底蕴。在北宋以前的数千年间，本区域长期为古代中国政治、经济和文化中心，是中国古代文明发祥地之一，具有深厚的历史和文化积淀。

具体来看，中原城市群的经济基础较好，自然资源条件较为优越，旅游资源得天独厚，各中心城市经济特色鲜明，并初步形成了以煤炭、电力、冶金、化工、机械、建材、食品、轻纺等产业为支撑的工业体系；依托郑州、洛阳两个国家高新技术开发区、郑州国家经济技术开发区以及建立在各中心城市的省级开发区，中原城市群的高新技术产业已具备一定基础并呈现出良好的发展势头；依托丰富的旅游资源和发达的交通网络，中原城市群的旅游业近年来已发展成为新兴支柱产业。与沿海长江三角洲、珠江三角洲和京津冀三大城市群相比，中原城市群虽然处于发展的"起飞"阶段，但从河南经济甚至整个中西部地区经济的发展状况来看，中原城市群的发展是充满活力和潜力的。因此，在实现中部崛起的过程中，应坚持中原城市群现代化带动战略，将中心城市的发展与县域经济的发展有机结合起来，将大郑州都市圈的发展同城市群体系的完善结合起来，率先实现中原城市群的崛起，并以此带动中原地区的全面崛起（徐晓霞和王发曾，2003）。

3.2.5　本区小结

本区地理因素对人类居住地的影响主要受土地利用类型、地貌、坡度以及土壤侵蚀的控制，呈现由东向西适宜性减弱的趋势。适宜区主要分布于华北平原的广大地区，较不适宜区主要分布于北部燕山山脉、西部大巴山东麓和西南部的伏牛山地区，在适宜区中伴有局部的高度适宜区，在较不适宜区中伴有不适宜区。

本区城市发展影响最大的关键因素是水资源问题。一方面，华北地区水资源严重不足，降水量小且变率大，人均水资源 112.3m^3，仅占全国人均量的 5.1%，高耗水工业发展受到限制，大城市供水出现危机（如北京、天津、济南、青岛等），环境恶化严重。另一方面，水土、水矿结构不尽理想，一些区域水资源严重短缺。水资源不足与比较丰富的耕地资源和丰富的矿产资源间形成了较为突出的矛盾。特别是人口和工业分布比较集中的京津唐地区和胶济沿线地区，缺水更为严重。这两个地区仅城市用水缺口就分则达 50 万 t/d。过量使用淡水资源导致这一地区地表河流干涸、湖泊缩小、地下水位下降、水质恶化，水资源不足使本区的工农业生产和人民生活受到严重影响，也是阻碍该地区实现现代化的关键自然因素。

解决本区水资源问题可以从以下三点出发。

（1）南水北调改善水资源条件，促进潜在生产能力形成现实的经济增长。华北地区是我国比较发达的地区，"京津唐首都经济圈"是我国东部地区三大经济增长重心之一，经济发展极具优势。区内蕴藏有丰富的煤炭、石油、天然气等能源资源和铁矿、有色金属、石膏等矿产资源。同时，该地区是全国铁路、公路密度最大的地区之一，综合运输能力强，具有良好的区位条件和交通优势，是重要的能源原材料工业基地。但由于水资源的短缺，目前当地丰富的自然资源组合优势未能充分发挥出来。实施南水北调工程，增加华北地区水资源供给，有利于华北地区潜在优势的发挥。

（2）处理和防治水污染，缓解水资源紧缺的局面。2000 年中国科学院公开发表的《九十年代中期中国环境污染经济损失估算的报告》指出：90% 的城市水域污染严重，50% 的城镇水不符合饮用水标准，40% 的水源已不能饮用，南方城市的总缺水量的 60% 是由水污染造成的，而华北地区的状况也极为堪忧，城市污水处理率极低，全国 17 000 多个建制镇绝大多数没有污水处理设施，由此导致了严重的水环境污染，水资源的污染加剧了水资源的短缺。目前，我国已制定了水污染处理和防治的相关法规，建设部、国家环境保护总局、科学技术部于 2000 年 5 月对城市污水处理及污染防治技术政策做了进一步明确并提出：①城市污水处理应考虑与污水资源化目标相结合；②积极发展污水利用和污泥综合利用技术；③鼓励城市污水处理的科学技术进步，积极开发利用新工艺、新材料和新设备；④全国城市和建制镇均应规划建设城市污水集中处理设施。对不能纳入城市污水收集系统的居民区、旅游区景点、度假村、疗养院、机场、铁路车站、经济开发区等分散的人群聚居地排放的污水和独立工矿区的工业废水，应进行就地处理达标排放。具体地讲就是：大小结合，即大污水处理厂和小污水处理站相结合，分散处理和集中处理相结合；同时污水处理行业将逐步企业化，本着"谁污染，谁治理"，"谁收益，谁负担"的原则，实施污水设施政府指导，多资建设，有偿使用，企业经营，滚动发展（郑易生等，2000）。

（3）水资源再生利用是解决华北地区缺水问题的重要途径。生活污水处理可以有效弥补水资源短缺的现状。截至2003年年底的统计，全国生活污水处理量仅占污水排放量的25%左右，即有70%以上的污水未经有效处理直接排入水域，造成我国1/3以上的河段受到污染，90%以上的城市水域严重污染。根据国家总体治理计划，2003年年底前重点治理工业废水对环境的污染，未来5~10年的水污染治理重点在生活污水治理，而城市生活污水处理则是重中之重。

再生水回用农业或湿地，缓解农业缺水和改善环境。再生水系指城市污水处理厂经二级处理的水，从其水质看，还不能作为景观用水，不易为人体接触，主要是氮仍超标。再生水引入农用或湿地，通过植物生长可有效吸纳水中的氮，所以再生水主要利用方向应为灌溉或补充湿地。再生水再经深部处理，可作为中水用于城市冲厕或引入景观河道、湖泊。对天津、北京等大城市的污水处理方式应把集中处理与分散处理相结合，特别是新建的小区或园区，可采用生物膜技术，直接处理小区、园区内的污水，使小区排污对市政零排放。北京、天津及河北省的城市缺水情况日益严重，已被列入严重缺水的城市，中水回用的问题就益发显得重要。中水回用是缓解缺水状况的重要途径，在小区中建设小型污水处理站使之在污水处理同时解决中水回用问题是投资少、见效快的简单易行的方法。政府越来越多地运用行政手段限制供水和要求中水回用，城市严重缺水状况使中水回用势在必行。

创建节水型小区是建设节水型城市的需要。建设节水型城市是城市节水工作的大局，并受到各级政府和领导的重视。

3.3 华东地区

华东地区包括上海市、江苏省、安徽省、浙江省、江西省、湖南省，以及湖北省，共6省1市，总面积约为91.5万km²。2000年华东地区总人口约为3.58亿人，国民生产总值达到6000亿元。华东地区是我国传统的鱼米之乡，工业基地，人口众多，城市密集，经济发达。目前，在华东地区已经呈现的主要城市群包括：长三角城市群、武汉城市群和长株潭城市群；潜在发展中的城市群包括南昌城市群、合肥城市群、宜昌城市群、襄樊城市群等。

从自然环境上看，华东地区处于我国三级阶梯中的第一级，处于长江中下游平原地带，在地貌类型上主要由平原、丘陵以及江河、湖泊组成。主要的平原有：长江三角洲、江淮平原、鄱阳湖平原、江汉平原以及洞庭湖平原；主要的山脉、丘陵有：雪峰山脉、罗霄山脉、南岭、武夷山脉以及大别山等山脉；主要的江河、湖泊有：长江、汉江、湘江、赣江、淮河、京杭大运河、洞庭湖、鄱阳湖、太湖以及洪泽湖、巢湖、高邮湖等。

3.3.1　地理因素对城镇布局的单因子影响分析

华东地区地处亚热带季风降雨区，本区年降雨量的大小、>0℃积温和>10℃积温均适宜城镇布局，完全能满足工农业生产和人民生活需要。在海拔方面，华东地区所处的长江中下游平原是我国三级阶梯的第一阶梯，地势较低。除了湖北省西北部的神农架林区存在极少量较高山地；其他地区，如江汉平原、洞庭湖平原、鄱阳湖平原以及江淮平原、长江三角洲等平原地区，以及围绕上述平原的丘陵地区，海拔均在2000m以下，这些地区的海拔对于人类居住及城镇布局、发展较为适宜。

在土地利用类型方面（图3-18），长江三角洲、江淮平原、江汉平原、洞庭湖平原以及鄱阳湖平原等地区建设用地分布集中、面积较大；建设用地周边的土地利用类型多为耕地。在不考虑基本农田保护的情况下，这种土地利用类型分布状况对人类居住以及城市布局、发展比较适宜。除以上地区外，在本区西部、中部和南部分布了雪峰山脉、罗霄山脉、南岭山脉以及武夷山脉等；尤其是在浙江省南部和江西省东北部地区，这些地区的土地利用类型多以林地、草地等为主，自然因子的作用对城镇布局和发展较不适宜。在华东

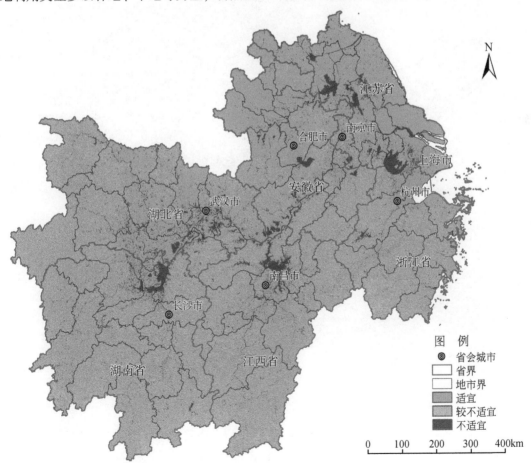

图3-18　华东地区土地利用类型对人类居住的适宜性评价

地区各平原地带内部，还存在大量湖泊（如洞庭湖，鄱阳湖，太湖以及洪泽湖、巢湖、高邮湖等），这些湖泊水体对于城市的布局和发展存在一定的阻碍作用。总的来说，就土地利用类型对人类居住和城镇布局、发展的适宜性而言，华东地区约有60%的土地均属于适宜，大约34.5%的土地属于较不适宜，仅有5.5%的土地属于不适宜。

在地貌方面（图3-19），华东地区主要的地貌类型为平原，中、小起伏的山地丘陵，以及少量的微洼地、台地，因此从地貌角度上看，本区的大部分地区均适宜人类居住及城镇布局和发展；在部分丘陵地区，具体如湖北省西部、北部和东部的雪峰山、大别山地区，湖南、江西交界的罗霄山及南部的南岭地区，福建与江西、浙江交界的武夷山地区，由于存在较大起伏的山地和丘陵，这些地区对于人类居住地稍有不利。总的来说，华东地区大约79%的土地都是适宜人类居住和城镇布局和发展的，仅有大约20%的土地属于较不适宜土地，另有不到1%的土地属于不适宜土地。

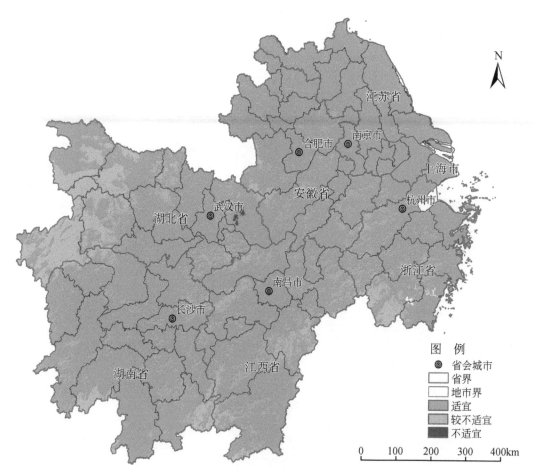

图3-19 华东地区地貌类型对人类居住的适宜性评价

在地形坡度方面（图3-20），对1km分辨率的DEM数据的分析表明，华东地区范围内，江汉平原、洞庭湖平原、鄱阳湖平原以及包括苏北平原在内的长江三角洲等各平原地区地形平坦，坡度一般小于5°，这对于人类居住、城镇布局和发展来说非常适宜的；然而在部分丘陵地区，如湖北省西部、东部的雪峰山和大别山地区，湖南、江西交界的罗霄山地区，以及福建与江西和浙江交界的武夷山地区，由于存在较大起伏的山地和丘陵，地形坡度较大，一般为5°～15°，部分地区甚至在15°以上。这些地区对于人类居住和城镇布局、发展来说存在不利影响。总的来说，华东地区大约85%的土地均属于适宜，大约有9%的土地属于较不适宜土地，另有不到6%的土地属于不适宜土地。

在森林分布方面（图3-21），华东地区分布了众多的丘陵、山地，森林覆盖相对较高。这些森林主要分布在湖南、湖北的西部（雪峰山），湖南、江西的南部（南岭）及交界地带（罗霄山），江西的东部（武夷山）以及浙江的西部、南部（天目山、怀玉山）等地区。显然，各种原始森林以及人工森林的存在对于人类居住、城镇布局及发展有明确的限制介入作用。总的来说，华东地区平均森林覆盖率为31%，其中，高于华东地区平均水平的有浙江省（55%）、江西省（43%）和湖南省（42%），低于平均水平的有湖北省（22%）、安徽省（17%）、江苏省（2%）以及上海市（0.08%）。

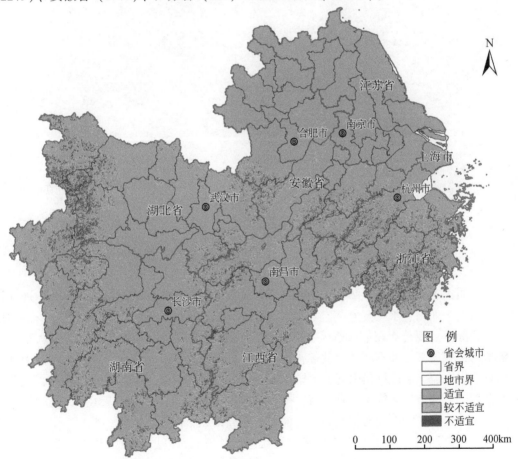

图3-20 华东地区地形坡度对人类居住地的适宜性评价

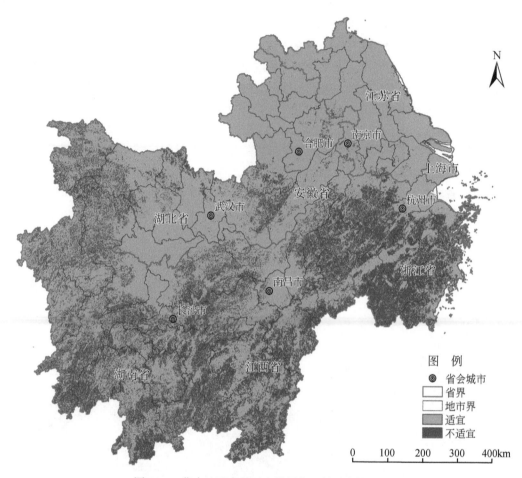

图 3-21　华东地区森林对人类居住地的适宜性评价

在地质灾害方面（图 3-22），严重的地质灾害（滑坡、崩塌、泥石流、冻融、地面沉降、地裂缝、崩雪、水土流失、岩溶塌陷、矿区塌陷、土地盐碱化、土地沙漠化、河源库港口淤积等）主要分布在华东地区主要山区以及东部沿海地区，在平原地区以及大部分的丘陵地区，地质灾害并不严重。就各省地质灾害分布的具体情况来说，湖北省和湖南省由于滑坡、泥石流、矿区沉陷引起的地质灾害较为严重。其中湖北省的主要地质灾害主要分布在西部的十堰市、襄樊市、宜昌市、神农架林区和恩施自治州（雪峰山），湖南省的地质灾害主要分布在中部和南部（常德、湘西土家族苗族自治州、益阳、娄底、邵阳、永州和郴州）。江苏省、上海市以及浙江省由于盐碱化、地面沉降、港口淤积等引起的地质灾害较为严重，这些地质灾害主要分布在这些沿海省份的地市。总的来说，在华东地区，大约有 41% 的地区有着较为严重的地质灾害，对于城镇的布局和进一步发展有着严重的限制作用，其中，约有 20% 和 21% 的土地分别属于限制建设土地和禁止建设土地。

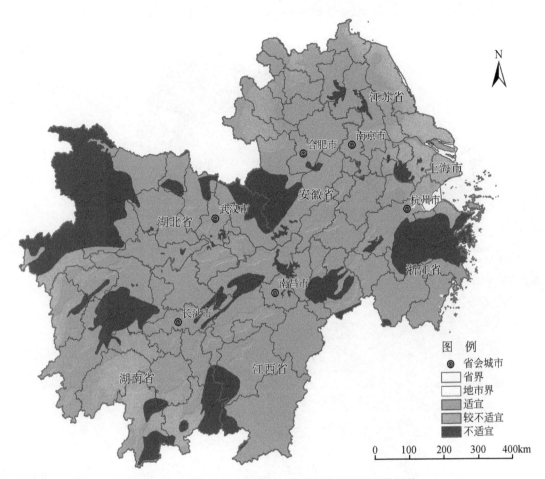

图 3-22　华东地区地质灾害对人类居住地的适宜性评价

3.3.2　地理因素对城镇布局的综合评价

在地形气候条件方面（图 3-23），在综合考虑高程、地貌、坡度、≥0℃积温、≥10℃积温、湿润度等因子后，由于本区≥0℃积温、≥10℃积温、湿润度等指标均为适宜，本区的气候地形综合指标主要受到地貌及与之相关的高程、坡度所控制。华东地区以长江三角洲、江淮平原、江汉平原以及洞庭湖平原、鄱阳湖平原等地区的气候地形条件最好，对人类居住及城镇布局、发展较为有利，在上述地区的边缘地区、合肥—淮南地区、湖南南部的衡阳地区，气候地形条件也比较好，对城镇局部和发展的影响较为适宜。除以上地区之外的其余地区，主要是由于江南丘陵的影响（即雪峰山脉、罗霄山脉、南岭山脉等），这些地区对城镇布局和发展的影响较为不适宜。具体来说，江西省、浙江省、湖南省以及湖北省主要受丘陵地貌的影响，导致这些省份内较不适宜的土地面积比例超过50%，其中江西省内较不适宜以及不适宜土地面积之和的比例达到75%左右。而上海市、江苏省以及安徽省由于其地貌类型主要为平原，因此其较不适宜、不适宜土地面积占本省市总面积比例最多仅为28%，其中上海市内全部为适宜土地。

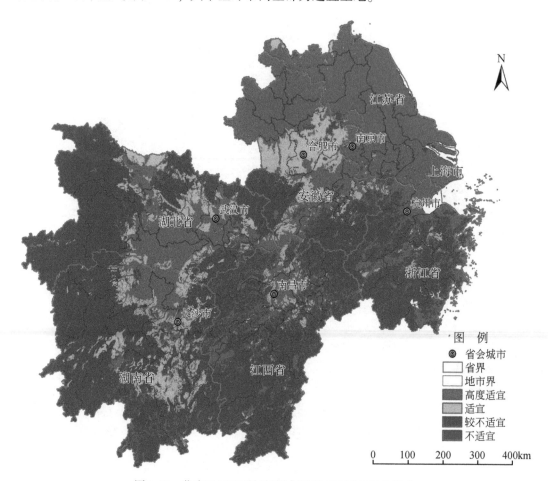

图 3-23　华东地区地形气候综合要素对城镇布局的影响

在水资源、交通人口方面（图 3-24），综合分析水资源、河网密度、铁路、公路、人口等因子之后，考虑到本区的水资源供给状况良好，对于人类居住以及城镇布局发展均为适宜，因此资源交通人口综合因子主要受控于后面几个因子，尤其是人口因子的空间分布格局。显然，华东地区的长江三角洲、江淮平原、江汉平原、洞庭湖平原、鄱阳湖平原、衡阳—邵阳等地区，人口分布与交通状况均比较有利，对于人类居住以及城镇布局、发展高度适宜。在华东地区的其他地区，主要是在西部和南部的丘陵地区，人口密度与交通资源环境指标等级有所下降，为适宜等级，在以上丘陵地区的核心地带，如神农架地区、三峡地区、罗霄山脉北部和武夷山脉北部地区，存在少量的较不适宜和不适宜地区。具体来说，浙江省、江西省、湖北省以及湖南省较不适宜土地面积比例超过20%，而上海市、江苏省以及安徽省内较不适宜、不适宜土地面积所占本省市总面积比例最多仅为14%，其中上海市的资源交通人口分布高度适宜的土地所占面积最高，达到94%。

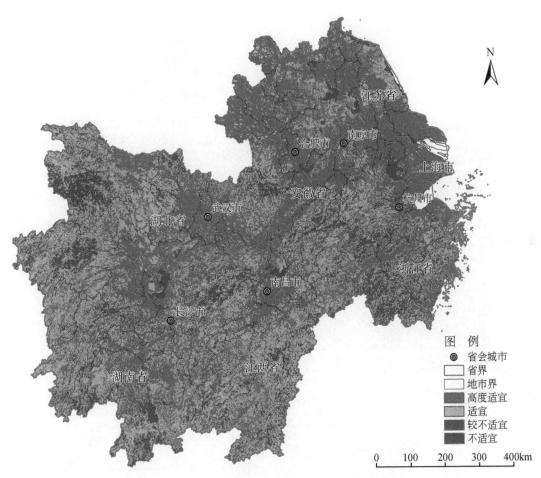

图 3-24　华东地区水资源、交通人口对城镇布局的影响

　　在土地利用及居民点分布综合要素方面（图 3-25），本区高度适宜的土地面积所占比例较小（2.19%），主要分布在以上海、南京为核心的长三角城市群、武汉城市群、长株潭城市群以及南昌城市群；在长江三角洲的其他地区、江淮平原、江汉平原、洞庭湖平原、鄱阳湖平原、衡阳—邵阳等地区，土地利用和居民点建设方面的状况对于城镇布局和发展适宜性有所下降，为适宜；在其他地区，尤其是在各主要山地内部，其土地利用于居民点的空间分布基本为较不适宜；本区的完全不适宜土地主要由湖泊水体的空间分布所控制，即主要是由本区的主要湖泊所占据，如洞庭湖、鄱阳湖、太湖以及洪泽湖、巢湖等。

　　从地理因素对人类居住适宜性综合评价结果看（图 3-26），华东地区最适宜人类居住的地区主要分布在江淮平原、长江三角洲以及江汉平原、鄱阳湖平原、洞庭湖平原等地区。较不适宜地区主要分布在各个丘陵地区，如雪峰山、罗霄山、武夷山、天目山、怀玉山以及大别山。不适宜地区则主要为河湖水体等所控制。总的来看，华东地区大约一半的地区（47%）都是适宜人类居住的，其中，上海市、江苏省以及安徽省适宜土

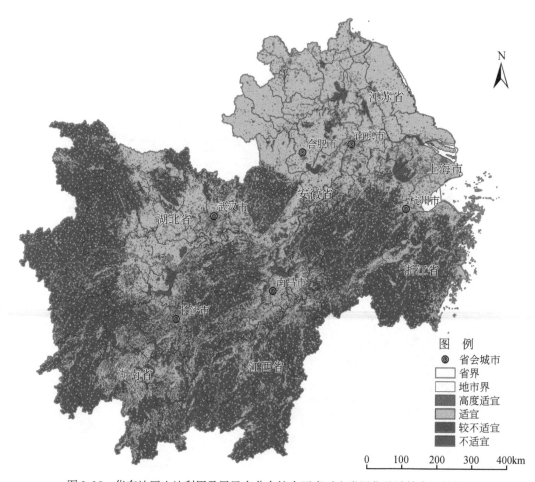

图 3-25　华东地区土地利用及居民点分布综合要素对人类居住及城镇布局的影响

地所占比例最高，其比例均在 50% 以上；适宜人类居住土地所占面积比例最小的是浙
江省（28%）。

　　经过分析地理因素对人类居住的适宜性评价后，还需要进一步考虑生态环境因子对人
类居住以及城镇布局、发展的限制性。从地理、生态因素对城镇布局的生态限制性评价结
果看，影响本区城镇布局及发展的核心要素是地貌和土地利用类型两个因子。从图 3-27
上易看出，本区城镇布局、发展的生态环境限制强度较小的地区主要分布在江西省、湖南
省以及湖北省等地区，这表明以上三省在城镇布局以及城镇化方面所受限制较少，有着巨
大的发展潜力；与之相反，由于受到城镇密度限制、基本农田保护以及地貌等因子影响，
浙江省、江苏省、安徽省以及上海市在城镇布局及发展方面不适宜地区所占比例较大（均
在 80% 以上）。

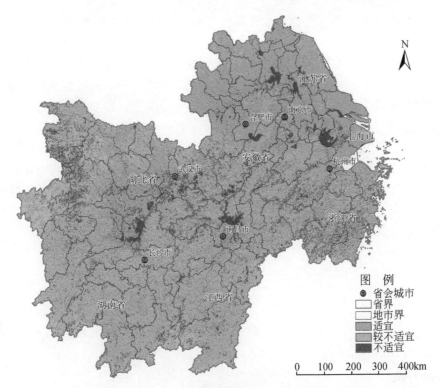

图 3-26 华东地区地理因素对人类居住的适宜性综合评价

图 3-27 华东地区生态环境综合因子对城镇布局的影响

　　在综合考虑自然地理、气候、水资源、交通、人口以及土地利用、居民点建设方面后，得到地理、生态因素对人类居住及城镇布局影响的综合评价图（图 3-28）。由于本区气候因子全为适宜，对人类居住及城镇布局、发展不起任何限制作用，因此本区地理及生态因子的综合效应在宏观上主要是通过地貌类型来体现的。平原地区的适宜性较好，而丘陵地带的存在使相应地区的适宜性变得较不适宜；在微观上，则主要由既有人口分布和居民地分布所控制。从图 3-28 上可以清楚地看到，华东地区对人类居住以及城镇布局、发展最为适宜的地区主要分布在长江三角洲、江淮平原、江汉平原、洞庭湖平原以及鄱阳湖平原等地区。在这些地区也已经形成了长三角城市群、武汉城市群、长株潭城市群以及南昌城市群。本区较不适宜人类居住即城镇布局、发展的地区主要分布在各个丘陵地带，如雪峰山、罗霄山、南岭、武夷山、天目山、怀玉山以及大别山等地区。本区不适宜人类居住及城镇布局、发展的地区所占面积很小。

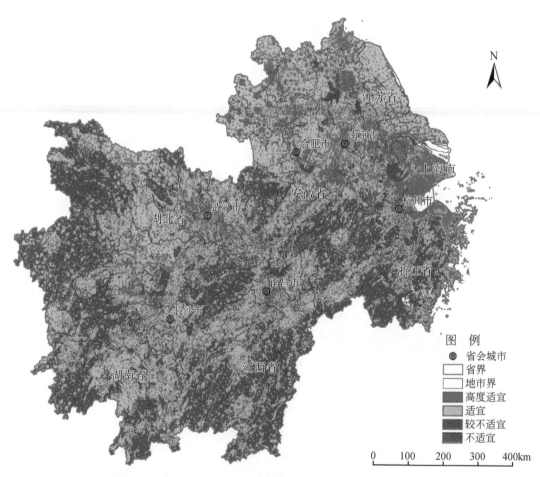

图 3-28　华东地区地理、生态因素对城镇布局影响的综合评价

3.3.3　华东地区主要城市群空间布局适宜性分析

1. 长三角城市群

长三角城市群位于中国东部沿海居中位置,地处长江三角洲与杭州湾沿岸,包括 1 个直辖市和 12 个省辖市,以及苏浙两省 70 多个县、县级市,国土总面积达 9.93 万 km²,城镇人口 2100 万人。

长三角地区地势低平,交通便宜,气候适宜,非常适宜人类居住以及城镇发展。因此,长三角地区在历史上即属于城镇密布、经济发达区域,近年来更是发展成为中国最具规模的都市连绵区。长三角地区未来人类居住以及城镇布局、发展中存在的主要问题有四个方面。

(1) 本区的快速城镇化以及城镇连绵化发展、开发区的竞相建设,占用了大量的耕地,尤其是国家明令保护的基本农田。未来几十年,耕地减少的驱动力仍然存在,由于农业结构调整以及城市、工商业、交通占地的需求仍然旺盛,人地关系将更趋尖锐。可以预见,长三角地区作为东南沿海粮食生产增长中心地区之一的地位进一步下降,粮食供需的矛盾进一步突出。

(2) 矿产资源短缺与资源利用效率不高也是一个限制因子。煤炭、石油、天然气、铁等能源矿产储量在全国份额较低,本区经济发展所需的大宗矿产相当匮乏,主要资源都要依赖外部供给。长三角地区资源开发强度高于全国平均水平,使资源潜在价值进一步降低。

(3) 环境污染也是长江三角洲城市群面临的一个非常棘手的问题。一方面,民营工业由于缺乏合理布局等原因,使污染从城市扩散到农村;另一方面,由于生活水平的提高,人口在向城市集中的过程中造成生活污水急剧增加,使本来水资源十分丰富的太湖流域出现了普遍的"水质性缺水"。环境质量呈急剧恶化趋势,省际、市际的水污染和大气污染扩散纠纷时有发生。

(4) 在自然灾害方面,各种气象灾害以及地质灾害亦时有发生。本区酸雨和洪涝灾害发生频率较高,地面沉降和江岸坍塌严重,沿海地区还经常发生赤潮现象,这些自然灾害严重影响本区人居环境质量的优化以及城市的进一步发展 (何骏,2008)。

2. 武汉城市群

武汉城市圈,是以武汉为中心,100km 左右为半径,呈放射状分布的城市群,包括武汉、黄石、鄂州、孝感、黄冈、咸宁、仙桃、天门、潜江等九城市。圈内的人口占全省的 50.4%,面积占全省的 33%,经济总量则占全省的 60%,工商业主要指标占全省的 57% ~ 60%。

武汉城市圈位于湖北省的中东部,地理位置优越,基础设施齐全,是全国东西、南北之间物资流通、人员流动和信息传递的重要枢纽,交通便利,素有"九省通衢"之称。公路运输四通八达,京广、京九、汉丹和武九铁路在此交会,黄金水道长江纵贯本区,空中航线辐射各地,已形成陆、海、空立体交通网络。在广阔的中国内陆地区,本区具有极强的市场集散功能和辐射能力。

本区城镇体系发展中存在的一个严重问题是,本区城市群的城市规模等级体系极为不合理。与国内其他城市群相比,武汉城市圈中武汉市的城市首位度出奇的高,而二、三层次的城市欠缺,这种规模等级的不合理一方面对首位城市的进一步发展造成了巨大的人口、资源和环境压力,另一方面对其余二、三层次的城市的发展也缺乏足够的拉动力。这种不合理的体系严重影响了城市化进程,进而影响到城市群整体功能的发挥。

由于武汉城市群位于长江中游的江汉平原,地势较为低平,气候属亚热带湿润季风气候,降水丰富,市区内河湖发育。因此这种地理条件极易造成城市洪水涝渍灾害。除暴雨涝渍灾害以外,武汉城市群还存在斑点状不均匀沉陷、塌陷等地质灾害。这些沉陷现象多分布在一级阶地的沿江高河漫滩,尤其集中在老城生活区,造成建筑物倾倒,墙壁裂缝、拉开和地面不均匀沉陷(方创琳等,2005)。

3. 长株潭城市群

长株潭三市是湖南经济最发达、城镇最密集的地区,三市沿湘江中下游形成"品"字形的城市分布,间距30~50km,这种同一流域、超近距离的城市分布在全国乃至世界都是少见的,非常有利于城市群发展。

影响本区城市群发展的一个问题是:本区人均土地面积较全省少、人口密度较全省大,是全省人多地少矛盾最突出、耕地矛盾尤其突出的区域。1997年本区总人口1200万人,占全省总人口的18.9%,人均土地面积约0.23hm²,每平方公里人口密度为428.9人;本区土地后备资源也仅有14万hm²左右,其中,宜耕地仅1.2万hm²,只占全省的7.6%。随着区域经济的高速发展,人类活动的加剧造成土地生态环境破坏严重。

此外,本区水土流失较为严重,水土流失面积达5858.3km²,占区域总面积的20.75%,工业三废排放量大、农用化肥农药及城市生活垃圾等造成土地污染严重,导致土地生态环境失调,人口、土地、环境三者矛盾日趋尖锐(周国华和朱翔,2001)。

3.3.4　本区小结

总的看来,本区气候因子全为适宜,对人类居住及城镇布局、发展不起任何限制作用;本区地理及生态因子的综合效应在宏观上主要是通过地貌类型来体现的,丘陵地带的存在导致相应地区的适宜性为较不适宜;在微观上,则主要由既有人口分布和居民地分布所控制。

华东地区对人类居住以及城镇布局、发展最为适宜的地区主要分布在长江三角洲、江淮平原、江汉平原、洞庭湖平原以及鄱阳湖平原等地区。在这些地区也已经形成了长三角城市群、武汉城市群、长株潭城市群以及南昌城市群。本区较不适宜人类居住即城镇布局、发展的地区主要分布在各个丘陵地带,如雪峰山、罗霄山、南岭、武夷山、天目山、怀玉山以及大别山等地区。本区不适宜人类居住及城镇布局、发展的地区所占面积很小。

从各省(直辖市)情况上看,上海市、江苏省以及浙江省由于地处长江下游,地势低平、土地利用类型以及既有人口分布和交通网络建设等状况均好于全国平均水平，尤其是在长江三角洲地区，地理环境因子对于人类居住以及城镇发展最为有利。因此，以上三省（直辖市）未来的城镇建设方向将主要是依靠上海的龙头作用，加强长三角地区的经济协作和区域统筹规划，将长三角城市群进一步做大做强，构建世界水平的城市连绵带。

安徽省大部分地区处于江淮平原，总体上地理环境背景较好，但是由于淮河环境污染问题一直得不到彻底解决，淮河两岸地区的人类居住适宜性较差，因此，未来该省的城市发展方向将是依托现有基础，集中实力进一步建设潜在的合肥城市群。

江西省北部地区主要是鄱阳湖平原，地势低平，交通网络建设也较好，目前已经初步形成了包括南昌、九江在内的南昌城市群；但是在江西省中部和南部地区，由于这些地区多为丘陵山地，一方面土地利用类型局限于林地或草地，另一方面由于人为破坏，上述地区的水土流失情况非常严重，这些地区一方面亟须进一步改善生态环境，同时还需要进一步加强基础交通设施建设和工业体系，才有可能建设可持续发展的城市群。

湖南省东北部地区的地理环境因子较好，洞庭湖平原为长株潭城市群的发展提供了较好的地势、水资源供给以及交通等条件，湖南省的未来发展方向是依托现有基础，集中实力进一步建设长株潭城市群；湖南省中部和南部地区的工业基础较好，是我国重要的有色金属基地，但是由于受自身地形地势影响，同时加上资源开采影响，本区的水土流失以及矿区塌陷、地裂缝等地质灾害较为严重。同时，由于受国家资源开采领域宏观调控的影响，这些地区的未来发展还需要在资源开采之外寻找新的城镇发展动力源。

湖北省中部和南部地区地处长江中游地区，历史即为"九省通衢"之地。地势、地貌以及人口、交通等各种条件都非常优越。目前已经发展形成了武汉城市群。湖北省西部和东部地区由于受到大型山地的影响，同时也由于受到既有工业基础薄弱的影响，这些地区在过去几十年里的城镇体系建设不足。考虑到长江三峡的建设以及未来中国汽车工业的跨越式发展，以宜昌和襄樊为核心的两个潜在城市群正逐渐显现。目前，湖北省在城市建设方面的未来发展方向一方面是依托现有基础，加强城市防洪抗涝工程建设，改善武汉城市群的层次结构、优化武汉城市群的功能；另一方面则是抓住机遇，克服目前存在的交通以及地貌限制，大力发展位于西部和北部山地地区的宜昌城市群和襄樊城市群。

3.4　东南沿海地区

东南沿海地区包括广东省、广西壮族自治区、海南省、福建省以及香港特别行政区、澳门特别行政区和台湾省。考虑到台湾省、香港特别行政区以及澳门特别行政区内的某些数据难以获得，或者在城市建设方面与内地不具可比性，因此在本章大部分的分析中，并没有包括对以上三个地区的分析。

东南沿海地区各省总面积约为 59.5 万 km^2。东南沿海地区是我国传统的鱼米之乡，工业基地，人口众多，城市密集，经济发达。目前，在东南沿海地区已经呈现的主要城市群包括：珠三角城市群和闽东南城市群。潜在发展中的城市群有环北部湾城市群。

从自然环境上看，东南沿海地区处于我国三级阶梯中的第一级，在地貌类型上主要由平原、丘陵以及江河组成。主要的平原有：珠江三角洲、左右江平原以及闽江三角洲等；

主要的山脉、丘陵有：南岭山脉、武夷山脉、桂西山脉以及台湾省的中央山脉等；主要的江河有：珠江水系（东江、西江、北江、浔江、左江、右江、红水河等）、闽江、韩江等（伍世代和王强，2008）。

3.4.1 地理因素对城镇布局的单因子影响分析

东南沿海地区地处热带、亚热带季风降雨区，本区年降雨量的大小、>0℃积温、>10℃积温均适宜城镇布局，完全能满足工农业生产和人民生活需要。在海拔方面，东南沿海大部分地区处于我国三级阶梯的第一阶梯，地势较低，海拔均在2000m以下，这些地区的海拔水平对于人类居住及城镇布局、发展较为适宜。

在地貌方面（图3-29），东南沿海地区主要的地貌类型为平原和中、小起伏的山地丘陵，因此本区的大部分地区的地貌对于人类居住以及城镇发展来说都是适宜的；在桂西、桂北以及粤北部分地区由于受云贵高原以及南岭山脉的影响，存在部分较不适宜的地区；在台湾省中央山脉地区存在较大起伏的山地和丘陵，这种地貌类型对于人类居住地的适宜性等级为不适宜。总之，就地貌类型而言，东南沿海各省大约65%的土地都是适宜人类居住和城镇发展的，大约34%属于较不适宜土地，仅有不到1%属于不适宜土地。

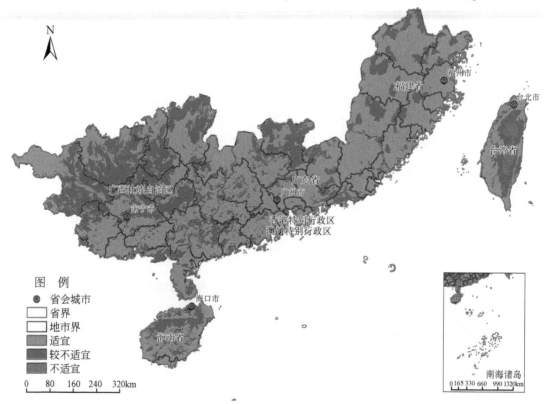

图3-29 东南沿海地区地貌类型对人类居住地的适宜性评价

在地质灾害方面（图3-30），较为严重的地质灾害主要分布在广西壮族自治区的西北部地区、广东省的北部、福建省西北部地区、雷州半岛以及台湾省的中部和东部。主要的地质灾害有喀斯特地貌以及台风、暴雨引起的山洪、山体滑坡、泥石流等，这些地区对于人类居住以及城镇布局和发展来说是较不适宜或者不适宜的。在平原地区以及大部分的丘陵地区，地质灾害并不严重，适宜人类居住和城镇发展。总的来说，在东南沿海地区，考虑地质灾害因素后，大约有超过一半（67%）的地区适宜人类居住和城镇发展，另有24%和9%的土地分别属于较不适宜或者不适宜土地。

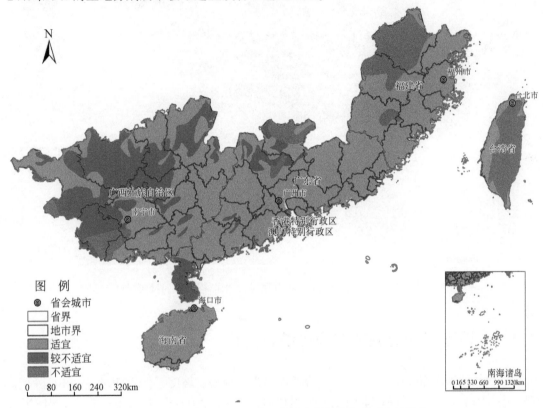

图 3-30　东南沿海地区地质灾害对人类居住地的适宜性评价

在土地利用方面（图3-31），珠江三角洲、闽江三角洲以及左右江平原区存在大量的建设用地，建设用地周边的土地利用类型多为耕地，在不考虑基本农田保护的情况下，这些地区的土地利用状况对城市发展来说比较适宜。除以上地区外，由于存在南岭、武夷山、中央山脉等大型山脉丘陵区，在这些地区多以林地、草地等土地利用类型为主。在这些地区，自然因子的作用对城镇布局和发展较不适宜或不适宜。总的来说，就土地利用类型对人类居住和城镇发展的适宜性而言，东南沿海地区有48%的土地均属于适宜，大约50%属于较不适宜，另有2%属于不适宜。其中，作为我国经济发达的台湾省和广东省，土地利用类型对人类居住以及城镇布局、发展的限制较为明显，以上两个区域的适宜土地分别仅占所在省份的32%和44%。

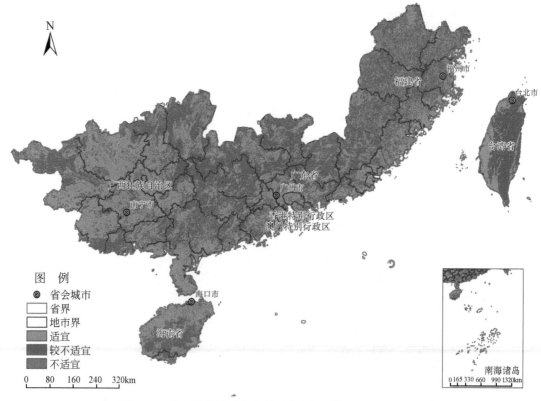

图3-31　东南沿海地区土地利用对人类居住地的适宜性评价

3.4.2　地理因素对城镇布局的综合评价

在气候地形方面（图3-32），在综合考虑高程、地貌、坡度、≥0℃积温、≥10℃积温、湿润度等因子后，从前面的单因子分析中可以看出，本区≥0℃积温、≥0℃积温、湿润度等指标均为适宜，本区的气候地形综合指标主要由地貌及与之相关的高程、坡度决定。本区高度适宜以及适宜的土地主要分布在珠江三角洲、左右江平原，以及雷州半岛、海南省北部地区。至于桂西、桂北、粤北、闽西、台湾省中部和东部、海南省中部和南部，由于受到丘陵山地的影响，这些地区的适宜性多为较不适宜，部分地区甚至为完全不适宜。

在资源、交通和人口方面（图3-33），在综合分析水资源、河网密度、铁路、公路、人口等因子之后，考虑到本区地处热带、亚热带季风区，除桂西、桂北喀斯特地貌造成部分地区地表水不可利用外，其余绝大部分地区的水资源供给状况均为适宜，资源交通人口综合评价因子的空间分布主要取决于后面几个因子，尤其是人口分布因子。从资源、交通和人口状况上看，本区绝大部分地区都是高度适宜或者适宜的，较不适宜或者不适宜土地面积较小。高度适宜土地主要分布在平原地区，如珠江三角洲、闽江三角洲、左右江平原以及雷州半岛，资源、交通和人口情况最好，对城镇布局和发展的影响为高度适宜。在东南沿海各省的其他地区，主要是在西部和北部的丘陵山地地区，交通资源环境指标等级有所下降，为适宜等级，在以上丘陵地区的核心地带，存在极少量的较不适宜和不适宜地区。

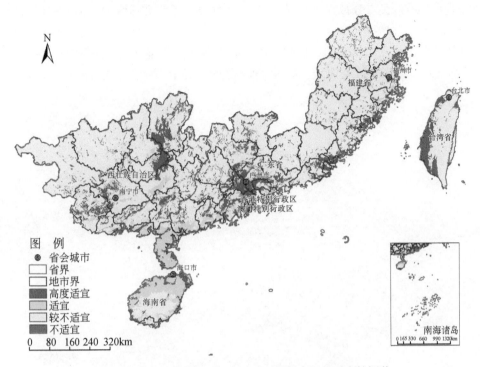

图 3-32　东南沿海地区气候地形对城镇布局的适宜性评价

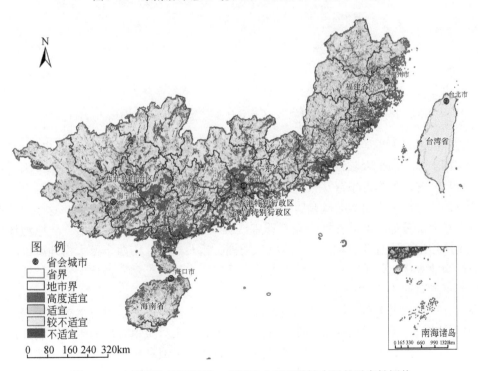

图 3-33　东南沿海地区资源、交通和人口对城镇布局的适宜性评价

在土地利用及居民点分布方面（图3-34），本区高度适宜和适宜的土地面积所占比例较小，主要是较不适宜地区。高度适宜地区主要分布于珠江三角洲核心地区的广州—香港一线。在珠江三角洲、左右江平原、雷州半岛、海南岛北部等地区，土地的适宜性基本为适宜。在其他地区，主要是丘陵地区，基本为较不适宜，完全不适宜土地所占面积非常小。

图3-34　东南沿海地区土地利用及居民点分布综合要素对城镇布局的适宜性评价

在地理因素对人类居住地适宜性综合评价方面（图3-35），在对森林、自然保护区、湿地、河湖水体、地形（坡度）、基本农田保护区、土壤侵蚀、地质灾害等8个因子进行独立评价后，考虑到本区不存在大规模的自然保护区，因此人类居住地适宜性综合指标主要由剩下的7个因子决定，尤其是以地形（坡度）和地质灾害的影响最大，这导致了东南沿海地区绝大部分地区的适宜性为较不适宜或者不适宜。从图3-35看出，从地理环境因子对人类居住地的适宜性上看，仅有珠江三角洲、雷州半岛、广西十万大山地区以及台湾西部海岸为适宜区，其中，从分省情况上看，又以广东适宜土地所占比例最大，适宜土地面积达到该省总面积的32%左右。

经过分析地理因素对人类居住的适宜性评价后，还需要进一步考虑生态环境因子对人类居住以及城镇布局、发展的限制性。从地理、生态因素对城镇布局的生态限制性评价结果看（图3-36），本区城镇布局及发展主要受到高程、土地利用类型、地貌、坡度等因子的影响；进一步地考虑到高程、坡度受到地貌类型的影响，影响本区城镇布局及发展的核心要素还是地貌和土地利用类型两个因子。从图3-36看出，本区受生态因子限制较小，适宜城镇布局和发展的地区包括：珠江三角洲、海南、广西左江、十万大山地区、福建东南大部以及台湾西部海岸；其中，又以广西壮族自治区的适宜土地的绝对面积最大，海南省适宜土地占本省面积比例最高。

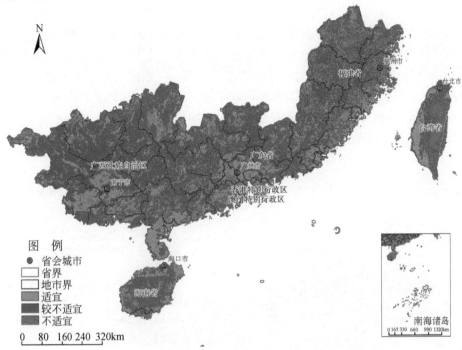

图 3-35 东南沿海地区地理因素对人类居住地适宜性综合评价

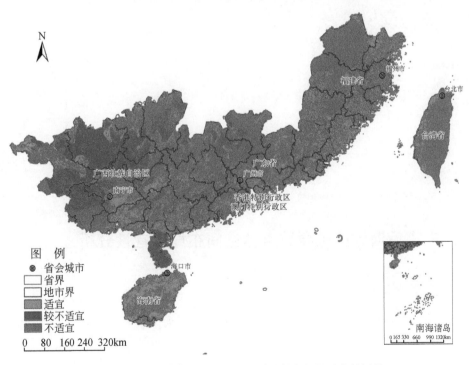

图 3-36 东南沿海地区生态环境对城镇布局的适宜性评价

在综合考虑自然地理、气候、水资源、交通、人口以及土地利用、居民点建设方面后，得到地理、生态因素对人类居住及城镇布局适宜性的综合评价图（图3-37）。总的看来，本区气候因子全为适宜，对人类居住及城镇布局、发展不起任何限制作用；本区地理及生态因子的综合效应在宏观上主要是通过地貌类型来体现的，丘陵地带的存在导致相应地区的适宜性为较不适宜；在微观上，则主要由既有人口分布和居民地分布所控制。从图3-37上可以清楚地看到，东南沿海各省以珠江三角洲、广东潮汕地区、福建闽东南地区、广西右江地区对城镇布局和发展最为有利；在上述地区的外围，以及广西左、右江，红水河平原以及雷州半岛、海南省北部和东部地区，其综合条件为适宜；其余地区，由于丘陵等地貌的限制，综合地理条件等级有所下降，为较不适宜。

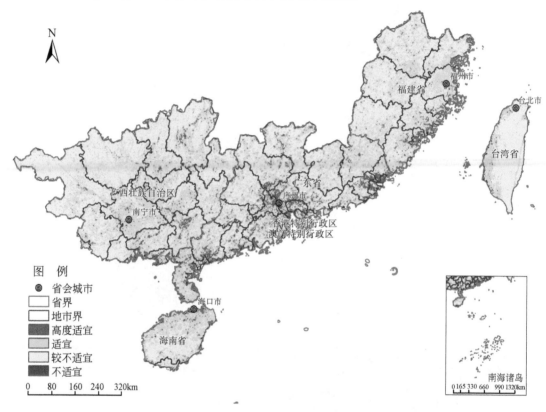

图3-37　东南沿海地区地理、生态因素对城镇布局适宜性的综合评价

3.4.3　东南沿海地区主要城市群空间布局适宜性分析

1. 珠三角城市群

珠三角城市群以广州为中心，包括佛山、南海、三水、顺德、番禺、花都、从化、增城等二级城市。珠江三角洲地势平缓，气候暖湿，对人类居住和城镇发展较为适宜。历史上自秦王朝开辟百越以来，珠江三角洲便逐渐成为中国南方的核心经济地带；尤其是近代以来，依托港澳经济发展，珠江三角洲的城镇化建设更为迅猛，以镇为基本单位的中小城

镇的崛起为珠江三角洲城市化发展开辟了新的途径。

然而，近十几年来的城市化、工业化和经济的持续高速增长，对自然生态环境的冲击也是巨大的。具体表现为耕地数量减少，质量降低；森林面积少，生态效益低；城市自然景观的退化、污染加重、恶化等。

城市规模不断扩大，工业、第三产业和交通道路建设不断占用农业用地，城市化带来了吃、住、交通、就业、环境污染等一系列问题。珠江三角洲人均工业用地面积大多超过国家规定标准，加上建设用地和交通用地挤占耕地和生态用地，目前珠江三角洲地区的耕地面积严重减少，原来珠江桑基鱼塘生态系统不复存在，原有基塘生态系统不再良性循环，原来清秀岭南特色的基塘景观变得衰落。

在环境污染方面，近 20 年内，珠三角地区水环境污染严重，出现水质性缺水。大气污染亦不容乐观，本区已成为重酸雨区；并且随着经济高速发展，酸雨污染越来越严重，这使得珠江三角洲已成为继西南地区之后的中国又一大酸雨中心。在固体废物污染方面，珠江三角洲城市群中每个城市都面临着"垃圾围城"的困境。并且，伴随着信息时代的到来，本区由于快速工业化和电子产业化，由此形成的电子废弃物污染已初露端倪（王树功和周永章，2002）。

2. 闽东南城市群

闽东南城市群主要是指分布于福建东南沿海地区的福州市、厦门市、漳州市、泉州市、莆田市等组成的城市群，以上城市主要分布在福建闽江、九龙江和晋江的出海口地区。由于地处岷江、九龙江和晋江下游出海口的平原地带，地势平坦，再加上沿海港口航运发达，本区自明代以来，经济就比较发达。本区人多地少，人口占全省总人口的64.2%，而土地总面积只占全省的33.9%，土地单位面积的农业劳力是闽西北地区的两倍。本区工业化、城镇化进程很快，耕地资源供需矛盾日益加剧，红土台地与丘陵开发较早、较快，资源开发与环境保护的矛盾较为尖锐。本区与台湾仅一水之隔，不只是血缘相连，习俗相近，而且农业技术适应性强，土地利用有许多相似性，因此本区成为台商农业投资的首选区域。所以本区是我国东南沿海地区经济发展布局的一个重要区域。本区人类居住和城镇发展中存在的问题是：耕地资源持续减少、土壤侵蚀加剧，地力衰退、土壤污染程度高等问题（陈月英和刘云刚，2001）。

3.4.4　本区小结

东南沿海地区气候因子适宜，对人类居住及城镇布局、发展不起任何限制作用；本区地理及生态因子的综合效应在宏观上主要是通过地貌类型来体现的，丘陵地带的存在导致相应地区的适宜性为较不适宜；在微观上，则主要由既有人口分布和居民地分布所控制。从上述几个图中可以清楚看到，东南沿海地区以珠江三角洲、广东潮汕地区、福建闽东南地区和广西右江地区对城镇布局和发展最为有利；在上述地区的外围，以及广西左右江、红水河平原、雷州半岛、海南省北部和东部地区，其综合条件为适宜；在其余地区，由于丘陵等地貌的限制，综合地理条件等级有所下降，为较不适宜。

从分省情况上看，广东省中南部的珠三角地区以及东部的潮汕地区为平原地区，地理生态背景对于城镇群建设较为有利；而粤西、粤北以及粤东大部地区，由于地处丘陵山地，地力生态环境对人类居住和城镇建设较为不利。未来发展将继续以珠三角建设为中心，依托港澳，优化珠三角城市群各层次城市功能，加强珠三角的经济辐射力和带动能力，使其对粤北和粤西的城市发展起拉动作用；同时充分注意到潮汕地区在未来城镇群建设中的优越的地理生态环境，充分挖掘潮汕地区城镇群建设的潜力，在广东、福建以及台湾之间充当过渡性的城市群落。

福建从地貌上可以分为闽东南平原地区和闽西北山地地区，显然，闽东南地区的地理生态环境对于人类居住和城镇发展较为有利，目前也已经形成了闽东南城市群。未来的发展将重点在闽东南地区着力建设现代化的综合交通网络，以福州和厦门两个主枢纽为中心，突出港口群，建设相应的疏港铁路和公路，形成功能齐全、设施配套的港口群。积极推进福建沿海地区与长三角、珠三角的快速铁路建设和经济对接。

广西壮族自治区位于我国南部边陲，在地理环境背景上也可大致分为东部、南部和中部的平原地区，以及北部、西部的山地地区。由于受丘陵山地，尤其是喀斯特地貌的影响，桂西、桂北等地区的人类居住适宜性相对较差，而中部的右江、红水河平原地区的地理生态背景对人类居住和城镇发展较为有利。然而由于缺乏足够的工业支持，上述有利地区在城镇群发展方面还不尽如人意。

海南岛除中部地区地理生态环境较为不利外，其沿海地区对人类居住和城镇发展都较为有利，然而由于历史原因，海南岛沿海地区的城镇发展多是呈散点状零星分布，成型的城市群落还没有出现。

3.5 内蒙古自治区

内蒙古自治区位于中国北部边疆，由东北向西南斜伸，呈狭长形，东西直线距离2400km，南北跨度 1700 km，总面积 118.3 万 km²，占全国总面积的 12.3%。全区为典型的高原地貌，内蒙古高原是中国四大高原中的第二大高原，大部分地区海拔 1000m 以上，具有降水量少（全年降水量 100～500mm）而不均、寒暑变化剧烈的显著特征。大兴安岭和阴山山脉是全区气候差异的重要自然分界线，大兴安岭以东和阴山以北地区的气温和降雨量明显低于大兴安岭以西和阴山以南地区。

内蒙古自治区是以蒙古族实行区域自治的少数民族地区。全区共有蒙、汉、回、满等49 个兄弟民族，总人口为 2384.35 万人（2004 年）。2004 年全年生产总值 2712.08 亿元，按可比价格计算，比上年增长 19.4%，增幅比上年提高 2.6 个百分点，经济增长率创改革开放以来的最高水平，其中第一、二、三产业所占比重分别为 18.7%、49.1% 和 32.2%。草场资源和煤炭资源丰富（煤炭储量达 1700 亿 t），有色金属、贵金属资源、天然碱、非金属矿和石油等分布广泛，蕴藏量也相当丰富。此外，黄河流域种植业发达，是内蒙古重要的粮油糖产区。

内蒙古自治区 10 万人口以上的城市 12 个。呼和浩特、包头、赤峰为 3 个 50 万人口以上的城市；20 万~50 万人口的城市有通辽、乌海、集宁、牙克石、海拉尔等。

　　本区有三个主要的城市（镇）集中地区：①呼 – 包 – 鄂城市群：以煤炭、钢铁和有色冶金为主的呼 – 包 – 鄂城市群，为全国 15 个潜在城市群之一；②锡林浩特城镇群，草场资源丰富，区内石油、天然碱、煤炭储量比较丰富，还拥有内陆口岸城市二连浩特，将形成以锡林浩特为中心，包括由二连浩特等组成的牧区城镇和以能源、无机化工、皮毛加工为主的城镇群；③赤峰城镇群，内蒙古赤峰市、通辽市和锡林郭勒盟的东乌珠穆沁旗与西乌珠穆沁旗，煤炭资源相当丰富，畜牧业和农业都较发达（赵海东，2007）。

3.5.1　地理因素对城镇布局的影响分析

　　内蒙古高原地区气候干燥，处于半干旱地区，是典型的草原生态景观。从全区宏观角度分析，地形地貌和水资源条件是内蒙古自治区城镇布局的主要限制因子。

　　（1）地形地貌及气候环境严重限制了居民点的分布，制约着城市的发展：这里土地广袤，但受地形地貌限制可利用地少，加上土壤侵蚀的广泛发育进一步削减了适宜人类居住的区域。从地形地貌及气候环境要素看，对城镇布局最适宜的地区仅占本区总面积的6.68%，主要分布在东部通辽 – 赤峰平原区、锡林郭勒草原的部分地区（图 3-38）；地形地貌及气候环境对城镇布局适宜的地区约占本区总面积的 23.03%，主要分布在东部通辽—赤峰平原区和海拉尔河流域。其他地区多为不适宜区和较不适宜区，分别占全区面积的 10.23% 和 60.07%。

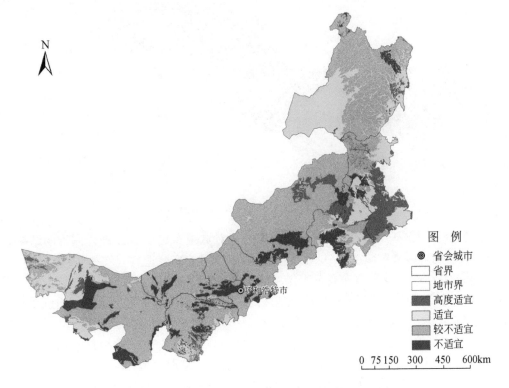

图 3-38　内蒙古自治区地形地貌及气候因素对城镇布局适宜性评价图

　　（2）本区受干旱气候的影响，水资源匮乏不仅影响城市的空间分布，更主要的是较低的水资源承载能力限制了城市人口、工业的扩张。结合交通、人口要素的评价结果（图3-39），最适宜城镇布局的深绿色区域和适宜城镇布局的绿色区域，分别占全区总面积的0.06%和13.33%，集中分布在交通便利、水资源丰富的河套平原，对呼–包–鄂城市群发展十分有利；东部赤峰–通辽–乌兰浩特地区的城市及周边，也有适宜区和局部的最适宜区分布；不适宜城镇布局的灰色地区，分布在西部、北部广大的干旱的沙漠戈壁地区，占全区的43.69%，不仅水资源极其贫乏，也缺少交通条件，是严重影响和限制人类生存和城市发展的地区，制约了锡林浩特城镇群的发展；较不适宜城镇布局的区域占全区的42.92%，限制了北部满洲里、海拉尔等中小城镇的发展规模。

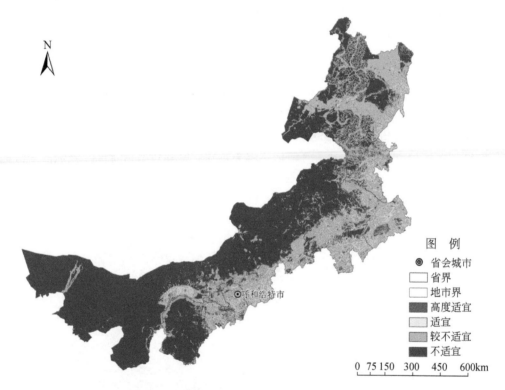

图3-39　内蒙古自治区水文水资源及交通对城镇布局适宜性评价图

　　综合地貌、气候、水资源、交通等地理因素对城镇布局适宜性进行评价的结果表明（图3-40），地理因素对城市进一步发展没有限制作用的高度适宜（图中深绿区域）仅占全区面积的0.20%，主要分布在呼–包–鄂城市群的局部地区；河套平原的呼–包–鄂城市群地区、东部赤峰–通辽–乌兰浩特地区的城市及周边局部地区，地势平坦以耕地覆盖为主，交通发达，水资源相对丰富，是适宜发展城市的地区（图中浅绿区域），占全区面积的20.27%；较不适宜城镇布局的地区占全区面积的30.57%，主要位于东部、北部山地丘陵地区和以林地和草地等覆盖为主的大部分地区，地形地貌、气候、交通和水资源都不同程度地限制了城市在这些地方的布局和发展。不适宜城镇布局发展的地区占本区面积的48.96%，主要分布在西部沙漠地区，不具备城市发展的条件。

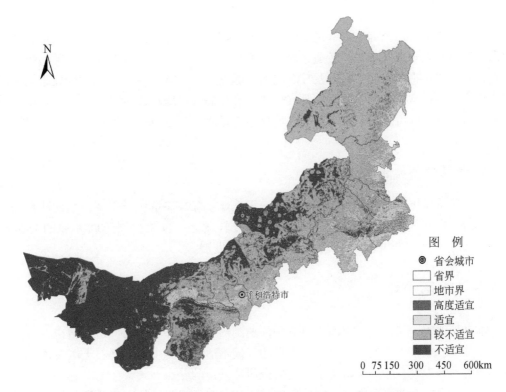

图 3-40　内蒙古自治区地理因素对城镇布局适宜性综合评价图

3.5.2　内蒙古自治区主要城市群空间布局适宜性分析

1. 呼－包－鄂城市群

呼和浩特市是内蒙古自治区的政治经济中心，包头市是国家的钢铁和重工业基地，乌海市是内蒙古自治区的煤炭、建材、化工基地；鄂尔多斯市是全国能源和碱化工基地；河套灌区是全国 3 个特大型灌区之一，是国家的粮油生产基地。呼－包－鄂城市群矿产资源丰富（以煤炭、钢铁、有色冶金为主），依托京包、包兰铁路干线，加上 209 国道（呼和浩特—北海）、210 国道（包头—南宁），交通发达，人口集中，水资源相对丰富（图 3-39），有内蒙古"金三角"之称，为城市群的进一步发展提供了良好的支撑和拓展空间，适于城市集群化发展，是全国 15 个潜在城市群之一。本地区地表水以引用黄河水为主（占地表水总供水量的 90％以上），人均水资源量大于全国平均值，但是生产生活集中于绿洲，实际上是用的绿洲的水资源支持全区经济发展，因此实际的人均水资源量和亩均水资源量十分有限；加上本区产生模数低，维持生态平衡用水量大，水资源的开发利用易引发生态环境问题，因此水资源的高效利用和合理配置是城市群健康发展的前提（邬文艳，2009）。

2. 赤峰城镇群

赤峰市、通辽市及周边局部地区受益于西辽河的水资源供给，耕地集中，畜牧业和农业都较发达，煤炭资源丰富，较适于城市的发展（图3-40）。从区域经济联系和历史发展上看，东三盟一市与东北三省（辽宁、吉林、黑龙江）联系紧密，构成比较完整的地理单元和经济实体；本地区的主要问题是气候干旱和生态环境脆弱，城市（人口、工业）的发展必须以水资源的可持续利用为前提，确保生态用水，加强科尔沁沙地等的监测工作（王培青，2002）。

3. 锡林浩特城镇群

锡林浩特城镇群草场资源丰富，石油、天然碱、煤炭储量比较丰富，二连浩特是大型陆运口岸，连接着蒙古；但是本地区水资源极其贫乏，也缺少城镇间沟通的交通条件（图3-39），严重影响和限制了锡林浩特城镇群的发展。

3.5.3 本区小结

本区受地貌、气候、水资源等自然条件的制约，生态环境脆弱，适宜城市分布的区域有限。沙漠、戈壁荒地的广泛分布，干旱的气候不适宜人类生存发展；土壤侵蚀的发育和近年来的不断发展，进一步阻碍了人类的聚居和城市的分布。

同时，本区矿产资源丰富，因此主要城市的分布呈现明显的向资源富集地区集中的特点。包头市是随着钢铁工业发展起来的城市；乌海、鄂尔多斯和赤峰城镇群（包括霍林郭勒）是由煤炭开采而形成的城市。另外，二连浩特、满洲里等是边境口岸城市，对外开放、对外贸易是其主要的发展动力。

总之，本区的呼－包－鄂城市群依托矿产资源优势，交通发达，加上较好的工业基础，借助于西部大开发的政策倾斜，具备了进一步发展的基础条件。

3.6 黄河中游地区

黄河中游地区包括甘肃、宁夏、陕西和山西四省。西迄著名的河西走廊，东接华北，北邻内蒙古并与蒙古人民共和国接壤，南至四川盆地和湖北。全区地形复杂，地势高低起伏，以高原和山地为主，高原和山地约占本区面积的3/4。黄土高原横贯本区，包括甘肃的陇中、陇东高原，陕北高原和山西高原；山地从西向东有甘肃西北部的北山山地、祁连山地，中部的贺兰山、六盘山，西部的秦岭，东部有吕梁、太行。西来的黄河之水穿过兰州盆地，灌溉着银川平原等，由卫宁平原组成的560多万亩引黄灌区是我国西北地区四大自流灌区之一，同时也形成了刘家峡、青铜峡等丰富的水能资源。此外，陕西中部号称"八百里秦川"的关中平原、陕南汉中盆地、山西汾河谷地具有悠久的文明印记，也是本区人口集中、城市集聚的地区。本区气候温和，降水西北少东南多，但是降水在时间上集中于夏季，多为暴雨形势，使得黄土母质的下垫面极易受到侵蚀。

2003 年, 全区生产总值 6870 亿元左右, 年末总人口为 10 180 万人左右。本区矿产资源丰富, 陕西煤炭探明储量 1618 亿 t, 正在开发的陕西北神府煤田, 储量 1340 亿 t, 陕北世界级整装天然气田, 已探明储量 3500 亿 m^3。黄金储量居全国第五位, 产量居第四位。宁夏金属矿产资源丰富, 主要有煤炭、石膏、石油等, 其中煤炭储量大, 目前已形成相当生产规模。山西省矿产资源极为丰富, 已发现的地下矿种达 120 多种, 其中煤、铝矾土、珍珠岩、镓、沸石的储量居全国之首, 其中尤以煤炭闻名全国。目前山西已探明煤炭储量达 2612 亿 t, 占全国总储量的 1/3, 故而有 "煤乡" 之称, 资源优势是本区未来发展的物质基础 (王金南等, 2006; 李广信, 2005)。

3.6.1 地理因素对城镇布局的影响分析

本区受高原、山地和沙地的影响, 适宜人类生存发展的地区相对较少, 居民点分布集中于平原、谷地; 本区气候干旱, 降水少, 蒸散强, 温差大, 风力强, 水资源匮乏和严重的水土流失等地质灾害是本区城镇布局的主要限制因子。

(1) 水资源: 从水资源条件结合交通状况和人口分布分析来看 (图 3-41), 最适宜城镇布局的深绿色区域占全区总面积的 2.37%, 集中分布在交通便利、水资源丰富的渭河流域西安附近、汉中地区, 对关中城市群、汉中的发展十分有利; 适宜城镇布局的浅绿色区域, 主要分布在关中平原、汾河谷地、汉水流域、银川平原等沿黄地区, 占全区总面积的 44.41%; 甘肃西北部广大、干旱的沙漠戈壁地区, 水资源极其贫乏, 不适宜城市的发展, 占全区的 11.94%; 其余为较不适宜城镇布局的地区, 占全区的 41.28%, 其中包括陇中的兰州市。

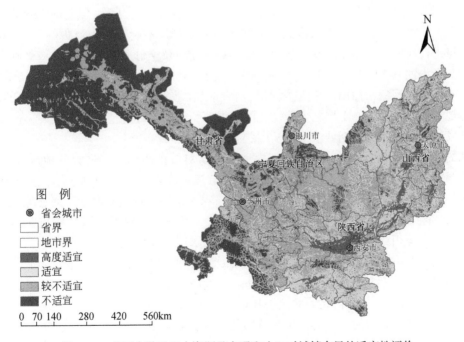

图 3-41 黄河中游地区水资源及交通和人口对城镇布局的适宜性评价

水土资源空间分布的一致性是本区的典型特征，在关中平原、汾河谷地、汉水流域、银川平原等地，居民点密布、耕地集中，同时水资源条件相对较好（图3-42），较适于城市的发展。

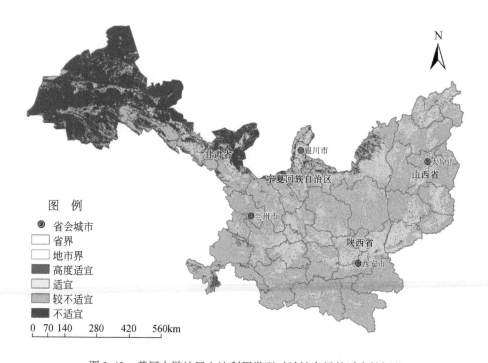

图3-42　黄河中游地区土地利用类型对城镇布局的适宜性评价

（2）地质灾害：本区降水西北少东南多，大致以渭河一线为界，以北绝大部分地区有产水模数低，维持生态平衡用水量大，水资源的开发利用易引发水土流失等一系列问题；同时，降水在时间上集中于夏季，多为暴雨形势，使得黄土母质的下垫面极易受到大面积侵蚀：其中山西9.3万km²（水蚀），陕西12.9万km²（水蚀占91.5%，风蚀8.5%）。水土流失本是自然现象，然而由于人类活动，特别是在坡地开荒更加速了水土流失的速度，造成土地利用面积减少，土壤肥力降低，河道淤塞，对生态环境造成严重危害，使农村牧区经济发展和群众生活长期处于落后贫困状态（图3-43）。

总的来说，关中城市群、汉中地区为地理因素对城镇布局高度适宜的地区（图3-44图中深绿区域），地形地貌、水资源、交通对城市进一步发展没有限制作用，本区域占全区面积的1.60%；陇中的渭河谷地、关中平原、汉水流域、银川平原和汾河谷地为适宜发展城市的地区（图中浅绿区域），占全区面积的20.25%，地势平坦以耕地覆盖为主，交通发达，水资源相对丰富，人口集中，分别对应天水市、关中城市群、汉中市、银川城市群和太原城市群；西部重镇兰州市也是适宜发展城市的地区，但是面积小而分散，与兰州都市圈的规模和今后的发展定位极不匹配。不适宜城镇布局发展的地区占本区面积的35.03%，主要分布在甘肃西北的北山、祁连山山地和长城以北沿线的沙漠地区，不具备城市发展的条件；其他为较不适宜城镇布局的地区占全区面积的43.12%，主要位于山地丘陵地区和以林地和草地等覆盖为主的大部分地区，地形地貌、气候、交通和水资源都不同程度地限制了城市在这些地方的布局和发展。

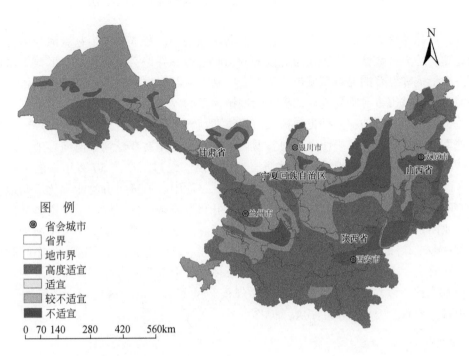

图 3-43　黄河中游地区地质灾害对城镇布局的适宜性评价

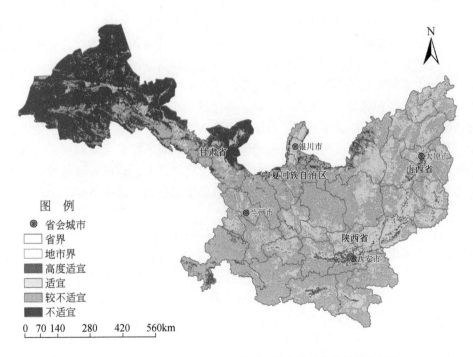

图 3-44　黄河中游地区地理因素对城镇布局适宜性的综合评价

3.6.2 黄河中游地区主要城市群空间布局适宜性分析

本区受自然条件的限制，人类社会经济活动区域狭小，基本上集中在黄河与内陆河区的河西走廊。绝大多数城市集中在相对低平的山间盆地和谷地，濒临河流，形成了城市主体在河谷中形成和发育的河谷型城市。其中有广义的河谷型城市如关中城市群、银川、汾河谷地城市等，城市本身不受地形约束，但城镇体系的发育却受到相当程度的限制，随地形、河流走向布局和延伸；另外也包括城市主体在河谷底部河流阶地、台地、坪地上发育河谷阶地型城市兰州市，属于狭义的河谷型城市，城市主体发育受到黄河河谷地形较为强烈的直接限制，城市本身被迫沿地形及河流走向发展。经过新中国50多年来的大规模建设，本区已初步形成以河西走廊有色金属基地、兰州为中心的黄河上游能源化工基地、西安为中心的高科技综合工业基地，以及银川城市群和太原城市群，构成了以资源基础加工为主的工业体系。农业方面，通过大力发展灌溉事业，形成了河西走廊、宁蒙河套、关中盆地等大片人工绿洲，有力地推动了当地生产的发展。总体上看，水资源与生态问题是限制城市发展的主要因素，在城市规划过程中，必须注意水资源的区际平衡，节水用水，应按照"以水定位、以水定人口、以水定发展规模"的原则，进行规划和合理配置（王思远等，2004，2005；王义民和万年庆，2003）。

1. 河西走廊城镇群

甘肃的河西走廊地区包括酒泉市、金昌市、张掖市、武威市、嘉峪关市等在内共7个城市，13个县。本区矿产资源丰富，拥有金川镍矿、塔尔沟钨矿、镜铁山铁矿、玉门油田等。依托新欧亚大陆桥，正在形成以武威为中心以有色冶金、钢铁、石油、机械和农副产品加工为特色的条带状城镇群。从水资源、人口、交通等地理要素的综合分析来看，沿西陇海—兰新线分布的城镇，多处于规模小、不连续的较适宜城市发展的区域。水资源开发利用带来的生态问题是限制城市发展的主要因素：本区水利资源也比较丰富，从东往西分布着石洋河、黑河和疏勒河三大内陆水系，多年平均水资源量85.7亿 m^3。但是，水资源开发利用与人口经济发展极不平衡，石洋河流域人多地少，采矿等工业用水量大，但水资源少，开发利用程度高；而黑河、疏勒河流域水资源相对丰富但开发利用程度低，金昌市、嘉峪关市等均为资源型缺水城市。不合理的水土资源开发，造成河西走廊土地沙化严重，沙化面积增加迅速，使城市的发展背上了沉重的生态包袱（蒲欣冬等，2003）。

2. 兰州都市圈

甘肃的兰州都市圈以兰州市城区及外围城镇为主体，包括白银、靖远、永靖、定西、临洮、临夏、榆中、海石湾等市县和若干小城镇。兰州都市圈是甘肃经济聚团核心区，处于西陇海—兰新线经济带中段，是西部地区发展轴线上的重要支撑点。兰州市具有技术、人才、信息优势和西部大开发桥头堡的作用，白银市是高新技术产业密集区。兰州市交通发达，具有兰白、兰临、兰海高速公路，国道312和陇海、兰新、兰青、包兰铁路等，但是都市圈内部各城市分布却相当松散，组团之间交通相对落后。本都市圈城市体系不够健全：拥有一个特大城市兰州和一个中型城市白银市，县级市缺失，大、中、小城市数量均较少，内部城市化水平差异较大。

本区能源保障程度高，但是水资源短缺，生态环境极其脆弱，水资源与生态问题是限制城市发展的主要因素。兰州市从 20 世纪 80 年代以来，在充分沿河谷伸展后，交通与人口问题、城市环境污染问题、建设用地紧张等城市内部矛盾日益突出。经过近年来的努力，生态环境局部有所改善但总体恶化的趋势尚未扭转，水资源短缺矛盾突出。在保护和重建生态环境的条件下，使社会经济得到持续发展，对于本区来说是极大的挑战（丰志勇等，2005）。

3. 银川–吴忠城市群

宁夏的银川–吴忠城市群地处宁夏农业发达的引黄灌区，又是贺兰山区煤、水电及有色金属资源集中开发地区。正在形成以银川为经济中心，以贺兰、永宁、青铜峡、吴忠、灵武、平罗、石嘴山、大武口、盐池、同心等市县为内经济辐射圈，以周边地区为外经济辐射圈的能源和有色金属工业城镇群。

从地理要素的综合分析来看，银川–吴忠城市群矿产资源丰富、交通发达，水资源条件相对较好，为城市的发展提供了适宜的支撑条件。本区的主要问题是引黄灌区"大引大排"的粗放的灌溉方式，不仅浪费了大量的水资源，而且引起大面积次生盐碱化，严重破坏了灌区的生态环境，使得本区工业特别是煤炭等能源基地的建设面临水源不足的威胁。目前，这些问题已经引起重视，以提高用水效率为核心的宁夏节水型社会建设正在启动，本区的水资源与生态问题可望通过水资源的合理配置得到解决（陈忠祥和李莉，2005；汪一鸣，2004）。

4. 关中城市群

陕西的大型河谷平原关中平原，正在形成以陇海铁路和 310 国道线为一线，以高新技术产业和先进技术为特点的产业经济体系为两带的"一线两带"关中经济区，包括关中八个城市在内的城市群。城市群具有以西安为核心城市，铜川、宝鸡、咸阳、渭南、韩城、华阴、兴平市为副中心的城镇体系结构，总人口 2500 万，城镇人口 1500 万。本区人口集中度高，人口素质也相对较高，城市化水平高，旅游资源和科技优势明显。城市群内部层级较为明显：西安同时具有全国、大区和省域意义，宝鸡、咸阳、渭南、铜川、汉中等为省内地区中心，城市间产业职能较为明确，产业结构在一级层次存在趋同性，在二级层次存在互补性。

从水资源、人口、交通等地理要素的综合分析来看，关中城市群处于高度适宜及适宜城市发展的区域。关中城市群的未来发展面临水资源紧张的难题，大量的生活和生产用水需求将成为关中未来发展的重要制约因素。农业与城镇建设用地的矛盾也较为突出，土地资源利用不充分，生产效率较低。而且由于城市体系断层，缺少特大城市和大城市，中心城市的轴向扩散带动作用受到很大程度的限制（薛东前和姚士谋，2000；方创琳等，2005）。

5. 太原城市群

山西的太原、忻定两大盆地拥有山西省92%的铁矿和22%的煤炭资源，现已形成以太原为中心的串珠式城镇分布体系。随着这一地区西山、古交、阳泉、离石、孝汾、汾西、霍县等大型煤田开发，将进一步发展为以太原为中心的煤炭、钢铁、机械、化工城镇群。本区水源条件相对较好、交通方便、地区经济开发水平高，属于适宜城市发展的区域。

随着经济发展和城市扩张，水资源问题逐渐突出。太原市2000年水资源总量约5.4亿m^3，人均水资源占有量不足200m^3，约为全国平均水平的1/12，是极度缺水地区。地下水是太原市城市供水的主要水源，开采量占全市总取水量的80%以上。大型工矿区的工业污染使得原本不足的水资源雪上加霜。山西省万家寨引黄入晋工程和配套的黄河水源太原市城市给水工程，向太原供水区供水的引黄工程南干线设计年引水量6.4亿m^3，向大同、朔州供水的北干线设计年引水量5.6亿m^3，将使本区水资源问题得到初步缓解，但是生态环境改善与恢复依然任重道远（武小惠，2007）。

3.6.3 本区小结

城镇化作为区域经济发展的重要驱动力，其模式选择至关重要。本区城市发展的一个重要特点是大城市一枝独秀，中小城市发育不足，城市相对集中在平原、河谷、盆地和条件较好的高原地区。这是本地区在漫长的城镇化进程中对自然环境积极适应的结果。

本区降雨少而时空分布不均，干旱缺水；单位面积环境容量狭小，生态环境脆弱，黄土高原和沙地在我国四大生态脆弱带中占据其二。因此，未来本区城市的发展必须考虑水资源与生态环境的约束，寻求最佳状态的城镇布局和城市规模。如果采取传统的忽视资源供给有限性的模式，必然导致城镇化与生态环境的不相协调甚至是尖锐的冲突。因此，合理开发和节约使用各种自然资源尤其是水资源，大力建设生态经济型城市，逐步形成以水资源承载力为核心的城镇布局和城市规模。

1. 主要城市群的发展建议

城市的发展不应再追求城市数量的迅速增加和大城市的个体膨胀，而应选择集约化、资源节约型的城镇化道路，围绕城市功能结构的完善和质量的提高，以兰州、西安、银川、太原都市圈或城市群的建设，应当通过都市圈内不同等级和规模的城市的网络联系，从更大范围内考虑资源和要素在产业间和城乡地域间的配置状况，实现水资源共享、集成利用，以拓宽水资源的承载阈值；本区大多数城市分布在相对低平的山间盆地谷地，传统的以煤为主的能源结构（如太原城市群）和以重化工业为主的工业结构，不但导致资源消耗水平高、环境污染严重，而且由于受特殊地形的影响，环境污染的治理相对更加困难。因此，未来西北地区应采取以生态工业为核心的工业化推进模式，减少工业生产对环境的污染。要根据水资源的环境容量和自净能力来确定工业的合理布局和发展规模，降低单位经济活动的环境成本和资源成本，走城镇化与水资源、生态协调发展之路。

2. 其他中小城市的发展建议

水资源不仅决定着城市的空间分布，还决定着城市的规模。在本区的荒漠绿洲区，水资源严重短缺，水源多呈点状散布，绿洲被沙漠戈壁分割成一个个相对独立的单元。因此，荒漠绿洲地区目前尚无法形成密集且相互呼应的城市群，以获得城市规模聚集效应，而只能依水资源承载力和空间分布态势形成一些呈点状、团块状分布的中、小城市（镇）（如河西走廊）；在陕甘宁地区，随着油气、煤炭资源的开发和"西气东输"、"西电东送"的拉动，也将逐步形成一些新的小城镇，但这些地区受水资源和地形条件的限制，城市在一定时期内也只能呈点状、小规模发展，不能无视当地的水土资源等地理要素的无限制盲目扩张，以免重复"破坏—治理—再破坏"的老路子。

3.7　西南地区

西南地区包括重庆市和四川、贵州、云南三省。本区地势西高东低，由西北向东南倾斜。西迄青藏高原东缘的川西高山高原及川西南山地，跨横断山脉、云贵高原、秦巴山地、四川盆地等几大地貌单元。四川位于亚热带范围内，东部盆地属亚热带湿润气候。西部高原在地形作用下，以垂直气候带为主，从南部山地到北部高原，由亚热带演变到亚寒带，垂直方向上有亚热带到永冻带的各种气候类型。云贵高原山高谷深，北回归线横贯南部，地势北高南低，海拔相差大。南面海拔一般为 1500～2200m，北面为 3000～4000m，自然环境类型多样。西南地区是我国自然资源最富集的地区之一，资源种类多，数量大，特别是矿产资源、农业资源、林业资源、水力资源、生物资源和旅游资源等，在全国具有重要地位。天然气储量居全国首位，煤炭储量居各大区第三位。西南地区水系分属长江、珠江、澜沧江、怒江和沅江等水系，水能资源丰富，水能理论蕴藏量为 2900 亿 W，占全国的 43%，可开发的水能资源量约 1920 亿 W，占全国的 55.1%，均为全国之首，在全国规划的 12 个大水电基地（不含三峡工程）中，有 7 个在西南。

本区产业基础雄厚。西南地区作为我国抗战的大后方，曾经是产业布局的聚集区域；新中国成立后，特别是"三线"建设时期，再度作为国家战略大后方而成为重点投资地区，目前成为我国重要的工业生产基地，工业以重工业为主体，机械、化工、冶金、能源、有色金属、钢铁和纺织占有重要地位。20 世纪 80 年代以来又兴起了电子、汽车、医药、信息等新型产业和高技术产业。已形成汇集了成—德—绵都市群、重庆城市群、黔中城市群和滇中城市群以及围绕之形成的以川黔、贵昆、成昆、宝成铁路为轴的产业带，共同构成了我国西部开发四条经济带之一——长江上游成渝经济带。本区 2003 年全区生产总值 1.2 万亿元左右，全区年末总人口为 2 亿人左右（赵珂等，2004）。

3.7.1　地理因素对城镇布局的影响分析

本区地形多变，降水丰富，滑坡、崩塌、泥石流、冻融等地质灾害分布广泛，云南贵州等地的喀斯特地区发育有岩溶塌陷等灾害。按照地质灾害指标对城镇布局的适宜性评价结果，本区四川盆地（重庆西部）地区和昆明地区、贵州东部都柳江流域为适宜地区，特别是成 – 德 – 绵城市群的组成城市大多位于这一区域；云南东部、贵州大部为较不适宜地区；而其他大部分山地、高原均为不适宜地区（图3-45）。地质灾害是重庆城市群和黔中城市群发展的重要制约因素。

　　西南经济区山高坡陡，水域纵横，交通条件是西南经济区城镇布局的重要限制因子之一。而川北高原、云南西部的横断山区和渝东地区交通困难，严重影响了城市的空间分布。土地利用及居民点的分布与上述结果较为一致（图3-46）：最适宜城镇布局的深绿色区域和适宜城镇布局的浅绿色区域，分别占全区总面积的0.30%、22.75%，主要分布在四川盆地，为成 – 德 – 绵都市群、重庆城市群的发展提供了良好的基础条件；不适宜城镇布局的灰色地区，分布在川西高原的未利用地，占全区的2.02%；较不适宜城镇布局的灰红色地区占全区的74.93%，在一定程度上制约着黔中城市群和滇中城市群的拓展。

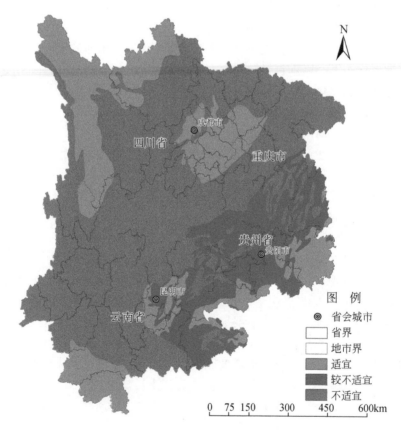

图3-45　西南地区地质灾害对城镇布局的
适宜性评价

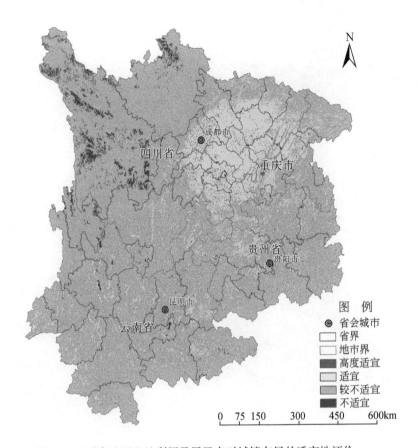

图 3-46　西南地区土地利用及居民点对城镇布局的适宜性评价

　　从各地理因素对城镇布局进行适宜性评价,可以看到(图 3-47):高度适宜区、适宜区(图中深绿区域、浅绿区域)分别占全区面积的 0.24%、16.98%。高度适宜区仅零星分布,适宜区主要分布在四川盆地、黔中地区的局部地区。不适宜城镇布局发展的地区占本区面积的 31.63%,主要分布在川西高原,不具备城市发展的条件;其他为较不适宜城镇布局的地区约占全区面积的 51.14%,主要位于山地丘陵地区和以林地和草地等覆盖为主的大部分地区,地形地貌、气候、交通和水资源都不同程度地限制了城市在这些地方的布局和发展。

3.7.2　西南地区主要城市群空间布局适宜性分析

1. 成-德-绵都市群

　　成-德-绵都市群是一个以成都市为中心,由外围与其联系密切的工业化和城市化水平较高的县、市(绵阳、德阳、资阳、内江、泸州和宜宾等)共同组成的区域,内含众多城镇和大片半城市化或城乡一体化地域。成—德—绵城市群是成渝经济区的重要一极,地区生产总值占全省的 50% 左右,是四川省经济发展的核心地区。以成都市区为中心的成都

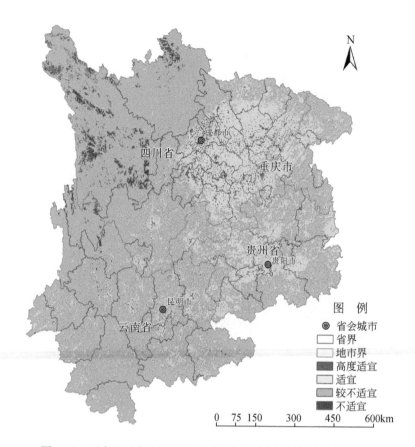

图3-47　西南地区各地理因素对城镇布局适宜性的综合评价

平原地区，从两千多年前先民建成都江堰水利工程以来，就成为我国有名的农耕基地。湿润的亚热带气候，平坦肥沃深厚的土壤，加上排灌方便的水利设施和高度发展的农耕技术，使成都平原成为我国西部的经济中心和文明摇篮，同时也是我国西部难得的一片生态环境优良的区域：成都平原与岷江上游地区共同组成了一个互相依存的中国西部唯一的一处"森林—水田农业生态区"。本区是中国水能最富集的地区之一，矿产资源丰富，是我国综合利用价值高、少有的资源宝地。新中国成立以来，成都平原已逐步建成中国重要的电子企业群，机械和轻纺工业也占有重要的优势。

　　总之，成－德－绵都市群是我国西部自然地理条件最优越，人口、城镇、产业最集中，空间聚合形态最好，发育最为成熟的城市群之一；同时也是四川省乃至西部最具发展潜力的地区。今后要注意未雨绸缪，坚决禁伐天然林，健全岷江上游水源涵养林体系，重建成都平原和四川盆地的生态屏障（吴丽丽，2005）。

　　2. 重庆城市群

　　重庆地处四川盆地东南，是长江上游最大的经济中心城市，随着区域经济的发展，逐渐形成"一星多极网络"的城市群空间结构体系，即以重庆主城区为中心，以万县、涪陵、黔江、永川、江津、南川、合川、长寿、开县等九个地区中心城市为网络的城镇体系。本区水资源丰富，陆路、水路交通发达，人口密集，区位优势明显，具备城市群发展的良好的支撑条件。但是，在城市群及周边地区，自然灾害的频繁发生是城市群发展的主要制约因素。

重庆西部地区属丘陵地貌，由于地表径流的极不均匀性，旱灾、涝灾频繁。渝东的万州市、涪陵和黔江地区，碳酸盐岩出露面积大，岩溶发育，地表含蓄水能力差，过度的开垦种植造成水土流失严重。渝南地区的主要问题是交通问题，南川交通受地理条件的限制，没有水路，仅有一条铁路但不能进行客运，对外联系主要依靠公路，但又没有高等级公路，不能起到中心城市的作用（章国兴，1999）。

3. 黔中城市群

贵阳市是贵州省省会，地处黔中腹地，是国家推进西部大开发和南（宁）贵（阳）昆（明）经济带重点依托的中心城市，同时也是西南地区重要的交通通信枢纽和航空港之一。贵阳市和安顺地区是贵州省商品粮、烤烟、油料为主的综合农业生产基地和最大的综合工业区。区内还拥有磷矿、铝矿等大型矿产基地，将逐步形成以贵阳为中心，包括黄果树、安顺、平坝等以有色金属、磷化工、卷烟为特色的城镇群。黔中城市群处于贵州高原中部的小型盆地和河流宽谷（即"坝子"），是人口稠密，降雨丰沛。城市的外延扩张的平面与宽间制约很大，因此不利于培养大型城市，城市规模以中小城镇为主。贵州山地多，地形崎岖，但是全省的铁路密度大于全国平均水平，而黔中城市群的主要构成城市大多处在连接成都－重庆－贵阳和昆明的铁路干线上，城市间的联系方便，因此，在地理要素的综合评价结果中，处于适宜城市发展的区域。

黔中地区高原型岩溶地貌发育，地质灾害频繁是制约城市发展的主要要素。主要的地质灾害类型有石漠化和岩溶塌陷等。目前，贵州地区已经石漠化和有石漠化趋势的地区占岩溶区面积的一半以上，是西南岩溶区石漠化最严重的地区。贵阳、安顺、凯里等城市由于岩溶地下水开发强度大（均大于 1000 万 m^3/a），岩溶塌陷集中发育且有不断蔓延的趋势（李博等，2009）。

4. 滇中城市群

滇中地区以云南省省会昆明为中心，该地区地形相对平缓，土地肥沃，耕地集中，矿产资源丰富，已基本建成蜻蛉河、元谋、嵩明、曲靖、个开蒙等五个大型灌区，是全省的粮食主产区。同时，由于能源、电力、通信等基础设施完备。随着城市化进程的加快，滇中地区将形成以昆明为中心，包括呈贡、宜良、华宁、玉溪等城镇组成的机械、卷烟、冶金、磷化工开发为主的城镇组群和以东川、一平浪、会泽等城镇组成的有色金属、水电、煤炭、化肥城镇组群。

滇中地处金沙江、珠江、红河、澜沧江四大水系分水岭地带，属云南省降雨低值区，大部分地区年降水量为 600～900mm（全省年平均降水 1259mm），年径流量平均为 250mm，其中宾川、元谋坝子区径流深不到 200mm，人均可利用水量仅为 324m³。按照联合国可持续发展委员会《全面评估世界淡水资源》所定的标准，本区属中度缺水地区。缺水最严重的是省会昆明市，其所在地滇池流域水资源总量为 5.7 亿 m³，人均占有水资源量不足 300m³，仅相当于全国人均占有量的 11%，低于全国主要缺水城市"京津唐"地区，为极度缺水地区。由于蒸发量较大，干旱指数一般为 2.0 左右，水资源十分紧缺。时空分布不均匀，雨季（6~10 月）的降水量约占全年的 85%，旱季（11 月至次年 5 月）仅占 15%，需要蓄水工程对水资源进行再分配，而滇中又少有修建大型水利工程的自然条件，水资源有效控制程度低（水库总库容约 19 亿 m³），导致滇中水资源供需矛盾突出，严重制约了该地区城市化的发展。滇中水资源的过度开发，带来一系列生态环境问题，滇池、洱海、杞麓湖、星云湖、抚仙湖等高原湖泊，生态环境十分脆弱，资源型缺水也是水质恶化的原因之一。

根据《滇中水资源规划思路》预测：随着云南省经济社会的发展和全面建设小康社会，滇中的水资源供需矛盾还将进一步加剧。2010 年以前，即便滇中地区可以开发利用的水源点及"引水济昆"等小范围调水工程全部建成，也只能解决滇中小部分地区的暂时缺水量（蒋鸣等，2007；韦艳南，2007）。

3.7.3 本区小结

四川成–德–绵都市群及重庆城市群，拥有成–渝地区良好的后备用地，具备良好的资源、交通、人口等保障条件，特别适合大型都（城）市集群的规模化发展，将在长江上游成渝经济带起到龙头作用。成渝都市区除了成都、重庆这两个超大城市外，其余都是中小城市，形成明显的断层，因此今后应当加快整合成都与重庆，使成都与重庆两大增长极转化成为一条巨大的增长轴线，并使此增长轴具有两单个增长极所不具有的整体性功能。

贵州省的黔中城市群的支撑条件较好，主要的限制因素是喀斯特石山区特有的水土流失、石漠化和岩溶塌陷等地质灾害。本区在做好生态保护和地质灾害监控的前提下，城市群具有较好的发展潜力；未来应当推动产业和人口在空间集聚，增强城市间的空间聚合度，充分发挥城市群成本低、土地占用面积小、基础设施配套好，以及产业结构互补性强的优势。

受水资源缺乏、岩溶地质灾害和相应的生态环境问题的影响，滇中适宜城市发展的区域仅零星分布，特别是缺水和生态环境的压力（如滇池的污染问题）限制了滇中城市群的空间布局和进一步发展。

3.8 新疆维吾尔自治区

新疆维吾尔自治区，位于我国西北边陲，面积 166 万 km²，占我国国土总面积的 1/6，是面积最大的省级行政区。周边与俄罗斯、哈萨克斯坦、吉尔吉斯斯坦等八个国家接壤，在历史上是古丝绸之路的重要通道，现在又成为新欧亚大陆桥的必经之地，战略位置十分重要。本区深处我国西北内陆，具有"三山夹两盆"的地形地貌特征，习惯上把天山以南地区叫南疆，天山以北地区叫北疆，把哈密、吐鲁番盆地叫东疆。南疆有塔里木盆地，北疆有准噶尔盆地。新疆位于内陆深处，水汽不容易到达、年降水稀少，气温的日较差和年较差都很大。因此，气候以干旱大陆性气候为主，干旱荒漠是其主要的景观特征。

新疆境内绵连的雪岭、冰峰，形成了独具特色的大冰川，占全国冰川面积的 42%，是新疆的天然"固体水库"。冰雪融水是主要的地表径流补给源，孕育汇集为 500 多条河流，分布于天山南北的盆地，其中较大的有塔里木河、伊犁河、额尔齐斯河、玛纳斯河、乌伦古河、开都河等 20 多条。在昆仑山、天山山麓分布了一系列的绿洲和城镇。全区人口为 1718 万（2001 年）。煤、石油、天然气等能源矿藏丰富，天山和阿尔泰山则森林资源丰富。

新疆现有城市 22 个，其中特大城市 1 个（乌鲁木齐），中等城市 8 个（克拉玛依、哈密、石河子、昌吉、伊宁、库尔勒、阿克苏和喀什），小城市 10 个，五家渠、阿拉尔、图木舒克为 2003 年新增的 3 个县级市；县城 68 个。城市面积 22.11 万 km²，其中建成区面积 565km²，城市创造生产总值已占新疆生产总值的 60% 以上。这些城市多分布在两大盆地边缘，且为兰新铁路和乌鲁木齐至喀什的铁路，及甘新、青新和新藏公路所连接（段汉明，2001）。

3.8.1　地理因素对城镇布局的影响分析

新疆位于内陆深处，沙漠和荒漠区面积达 84 万 km²，干旱少雨且固态降水比重大，大部分地区年降水小于 200mm，仅在天山北麓及其西端降水条件相对丰富（大于 200mm），降水的这种空间分布特征很大程度上限制了新疆城镇的形成、分布和发展，使其主要分布于天山、阿尔泰山和昆仑山等山脉山麓区域的冲积、洪积扇上（图 3-48），天

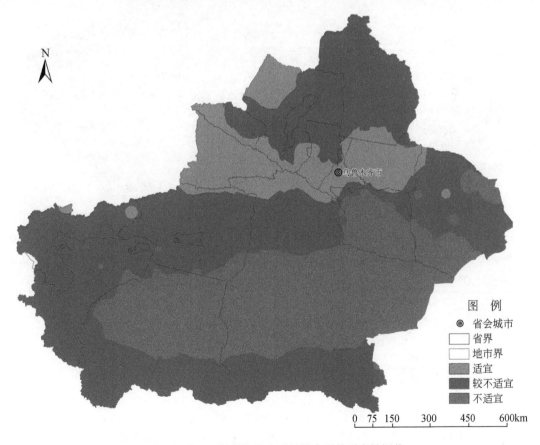

图 3-48　新疆地区年平均降水对城镇布局的适宜性评价

101

山北麓的乌鲁木齐城市群（包括昌吉、阜康和米泉）、石河子以及伊宁塔城等城镇均位于降水因子的适宜区；哈密、阿勒泰、克拉玛依、库尔勒、阿克苏、喀什等众多城镇主要分布于降水因子的较不适宜区；而吐鲁番、和田等城镇则分布于其不适宜区。

　　新疆比较适宜的土地类型面积所占比重小，而且空间分布比较分散，多位于水资源比较丰富的地带。造成新疆土地类型分布特征的主要原因是有限的降水及水资源空间分布的不均衡所致。新疆不适宜城市发展的土地利用类型的分布面积占到了全疆总面积的90%以上，而新疆的城市多位于适宜区。结合居民点密度要素对城镇布局进行适宜性评价，可以看出（图3-49）：北疆乌鲁木齐、石河子和克拉玛依一线的众多城镇处于适宜区，且适宜区成片分布；哈密、吐鲁番、库尔勒、沙雅、阿克苏、喀什、和田等则处于零散分布的适宜区与不适宜区的交界处。

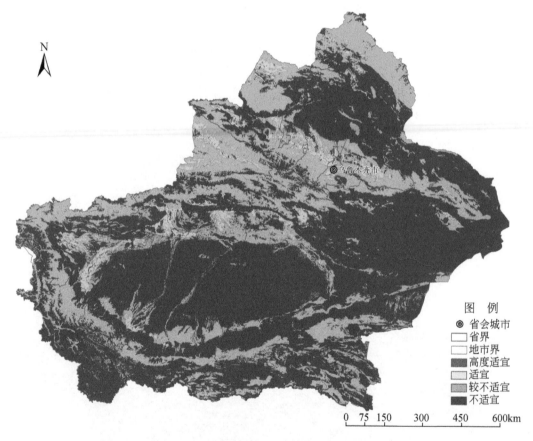

图 3-49　新疆地区土地利用和居民点对城镇布局的适宜性评价

3.8.2　地理因素对城镇布局的综合评价

　　综合水资源、交通、土地利用、人口等要素，可以看出（图3-50）：

　　（1）北疆乌鲁木齐、石河子、克拉玛依至塔城一线的众多城镇及哈密、吐鲁番，处于

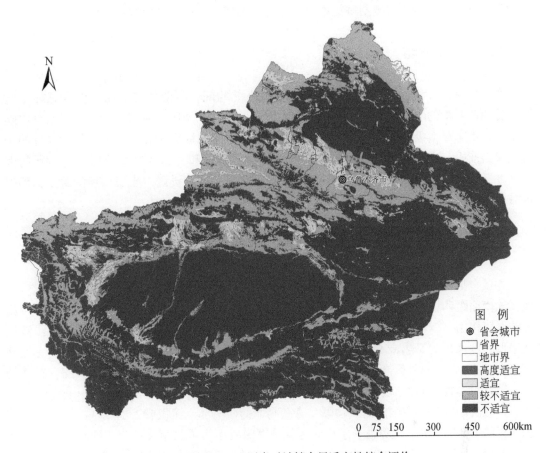

图 3-50　新疆地区地理因素对城镇布局适宜性综合评价

天山北麓的山前冲积、洪积扇或河流谷地区域，地表水资源相对丰富，人口集中，自然资源和矿产资源丰富，开发利用的历史比较悠久，工业基础较好，是全疆最适宜城市发展的地区。乌鲁木齐及其周围地区是新中国成立以来新疆重点开发和建设的粮食、棉花、甜菜生产基地与综合性工业基地。这一地区煤炭资源十分丰富，工农业生产已有一定的基础。逐步形成以乌鲁木齐为中心，包括昌吉、阜康、米泉等城镇组成的煤炭及农副产品加工为主的城镇群。

本地区的主要限制因素有两点：一是地处内陆腹地，与内地经济发达区联系不便。借助于新欧亚大陆桥的拉动作用，这一问题将得到改善。乌鲁木齐将成为我国面向中亚地区对外开放的战略基地。二是人口、工业的快速发展，对本区的水资源和生态环境带来的压力骤增。在乌鲁木齐河流域，水资源已处于过量开采状态，引、提水已无潜力，造成部分城市缺水，如乌鲁木齐市的人均水资源占有量不足 500m³；克拉玛依地区现已形成的采油区，地处准噶尔盆地边缘，当地不产流，而生活用水和工业用水逐年攀升；这些地区必须通过跨流域调水解决用水问题（董晓峰和何新胜，2004；赵雪雁等，2005）。

（2）库尔勒、沙雅、阿克苏、喀什、和田等城市相对分散，周边地区适宜城市发展的要素面积数量有限，城市发展的支撑力度较弱，且在横向上难以得到周边城市的辐射，拓展的程度有限，应当适当控制城市规模，注意生态环境保护，因地制宜发展特色经济。

3.8.3 本区小结

本区草原、沙漠、戈壁广布，高山、盆地南北相间，资源优势突出，但生态环境脆弱。受地理要素的影响，本区地域空间宽大但城市实力总体比较薄弱。总之，新疆是内陆干旱区，生态环境极其脆弱，为保持新疆的城市化进程和社会的和谐发展，维护良好的生态环境是前提。水资源是区域经济发展的重要物质基础和生态环境系统中最为活跃的因子，在开发利用水资源时，必须正确处理好城市化发展与水资源－生态环境的关系，确保区域的可持续发展。

3.9 青藏地区

本区包括青海省和西藏自治区，基本覆盖了整个青藏高原，总面积约 250 万 km²。本地区除南面距印度洋孟加拉湾较近外，东、北、西三面均远离海洋，加之高大的喜马拉雅山的屏障作用，海洋对青藏地区内部的影响作用非常微小。而且，由于地势高峻，虽然地处中低纬度地带的亚热带和暖温带上，却形成地球上非常独特的高寒自然单元，有地球"第三极"之称。对外交通主要依赖青藏公路、川藏公路、新藏公路和滇藏公路，在建的青藏铁路对本地区的人口、经济、社会发展和环境演变等将会有非常重要的影响作用。

西藏自治区位于中国的西南边陲，青藏高原的西南部。面积 122.84 万 km²，约占中国总面积的 1/8，仅次于新疆维吾尔自治区，是中国西南边陲的重要门户。西藏自治区是藏族主要聚居区，是中国人口最少、密度最小的省区。青海省位于中国西部的青藏高原，是长江、黄河和澜沧江的发源地。全省面积 72.23 万 km²，是一个多民族聚居的地区，藏族、回族、蒙古族等少数民族人口占全省人口的 42.76%。青海省气候属典型的高原大陆性气候，日照时间长。省会西宁市及海东地区夏无酷暑，冬无严寒。

本区人口大约 780 万（2000 年），人口密度非常稀疏，是我国城市实力最为薄弱的地区，主要有青海河湟谷地产业带的西宁城镇群和西藏的"一江两河"拉萨城镇群（安七一，2000；胡永科，2000）。

3.9.1 地理因素对城镇布局的影响分析

由于高海拔和周边地形作用，高寒自然条件是制约本区城市发展的首要因素。在温度条件上（图 3-51），仅在海拔相对较低的藏东南谷地和青海的柴达木盆地区域热量条件相对较好，其他广泛的区域内热量条件很差。青藏地区的城市分布大部分位于海拔较低的地区，包括藏南谷地（日喀则、拉萨、乃东、林芝、昌都等）和柴达木盆地（格尔木、德令哈、西宁、民和、同仁、平安、门源、共和等）。

从水资源及交通人口对城镇布局的适宜性评价结果看（图 3-52）青藏地区经济落后、人口稀少、交通不发达，整个高原除了南部江河源、横断上南麓及西宁周边地区以外，其他地区资源条件都非常差。这对于城市的分布和发展显然是非常不利的。正在修建中的青藏铁路有望大大改善青藏地区的交通条件和资源输入的能力，这对于沿线的城市发展将有

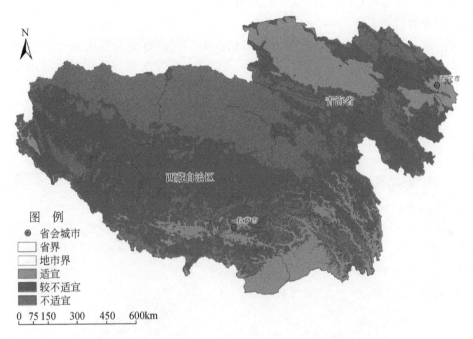

图3-51 青藏地区 >0°积温对人类居住地适宜性评价图

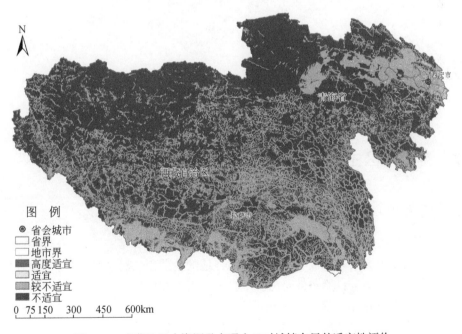

图3-52 青藏地区水资源及交通人口对城镇布局的适宜性评价

非常巨大的潜在推动力，并有可能促进现有城镇规模的日益扩大以及大量新城镇的逐渐形成。从土地利用和居民点对城镇布局的适宜性评价结果看（图3-53）在青海湟水谷地一带，土地利用条件总体较好，其他广大区域则都比较差。这与水资源及交通人口对城镇布局的适宜性评价结果一致。

总之，青藏地区整体上人居环境承载力比较小，城镇布局与发展的允许空间比较小（图3-54），整个青藏高原几乎全被不适宜区所覆盖，仅在河湟谷地局部为城市发展的较适宜区。

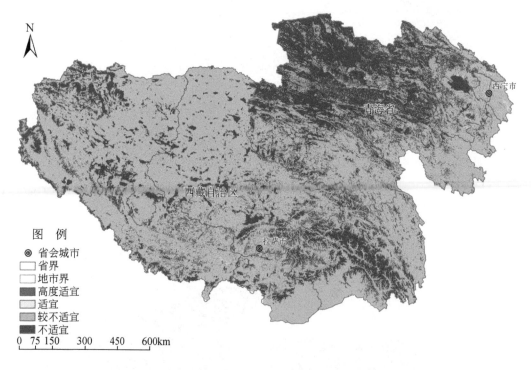

图3-53　青藏地区土地利用和居民点对城镇布局的适宜性评价

3.9.2　青藏地区主要城市群空间布局适宜性分析

1. 西藏及"一江两河"拉萨城镇群

西藏是全国城市发展水平最为薄弱的地区。由于城市发育不充分，而且中心城市实力非常弱，主要的城镇聚集区域仅有雅鲁藏布江谷地的拉萨市、林芝地区、江孜地区和日喀则地区，城市及周边地区自然条件恶劣，不具备城市大规模发展的条件。雅鲁藏布江谷地中部"一江两河"地区是西藏历史上最重要的农业区，目前拉萨河、年楚河流域还有大量的宜农荒地有待开垦。本区地热资源丰富，旅游资源富集，传统手工业发达，以拉萨为中心的公路网基本形成。随着区域水力、草场、耕地、旅游资源的进一步开发，将形成以拉

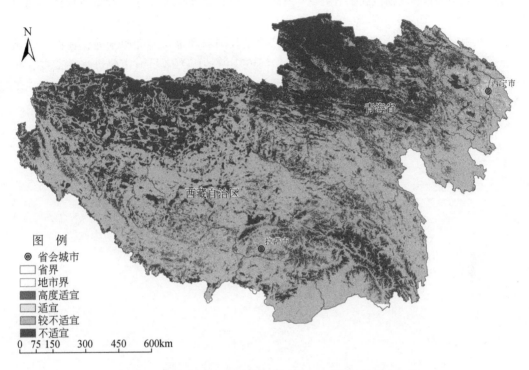

图 3-54　青藏地区各地理因素对城镇布局适宜性的综合评价

萨为中心的水电、农牧资源加工、传统手工业、旅游职能为主的城镇群，但拓展的空间十分有限（盛广耀，2003）。

2. 青海及西宁城镇群

青藏地区东北部的湟水谷地地貌适宜区空间上连片分布，同时其水热条件也相对较好，因此西宁、共和、平安、同仁、民和、门源、海晏、贵德、湟源、玛沁等众多城市得以形成和发展。青海东部为黄河源头，水力资源极为丰富，除龙羊峡外还可建设拉西瓦、李家峡等大中型水电站。本区煤炭、铜矿也比较丰富。西宁市也已形成机械、纺织、缝纫、皮革、食品为主的工业城市。随着地域资源的开发，将逐步建成以西宁为中心，包括大通、热水、青海湖、龙羊峡等城镇组成的以水电开发为主、有色金属开采为辅的城镇群。河湟谷地产业密集带包括西宁和海东地区，是青海省的经济核心区，也是未来呼包 - 包兰 - 兰青线经济带向青藏高原延伸的主要支撑点。除以水电为依托的高耗能工业外，依托青藏高原的特色农牧产品资源和格尔木的石油资源培养新的经济增长点（傅小锋，2000）。

3.9.3　本区小结

由于高寒的高原地貌及气候影响，青藏地区整体上人居环境承载力比较小，城镇布局与发展的允许空间比较小，整个青藏高原几乎全被不适宜区所覆盖，仅在河湟谷地的西宁及周边为城市发展的较适宜区。西藏"一江两河"地区是国家生态建设重点地区，目前已取得较好效益；青海水力资源、矿产资源丰富，但是水力资源的开发必须以确保区域（特别是三江源区）生态健康为前提；柴达木盆地是我国西部重要的能源基地，在西气东输等西部开发工程中扮演重要角色，但是盆地内河流中游地区为满足城市化进程的需要，大量开采地下水和引用地表水，导致格尔木市等新兴的石油化工基地城市用水水源不足，城市的发展得不到充足的水资源保障。

第4章　重点地区城镇发展与水土资源保障分析——以京津冀地区为例

4.1　京津冀区域发展与资源环境态势

4.1.1　京津冀自然资源禀赋与开发利用状况

1. 水资源及其开发利用状况

1）水资源状况

京津冀地区90%以上面积属于海河流域，主要包括两大水系——海河水系和滦河水系。海河水系由北系的蓟运河、北运河、永定河和南系的大清河、子牙河、漳卫南运河组成；滦河水系包括滦河和冀东沿海诸河。另外，有1.61万 km² 属于内陆河和辽河流域，占全区总面积的9%，其中张家口北部1.17万 km² 属于内陆河流域，承德东北部有0.44万 km² 属于辽河流域，沧州南部属于徒骇马颊河水系。

本区降雨量在时间分布上，年降水总量中，汛期（6～9月）降雨占年降雨总量的80%左右，汛期降雨又主要集中在7～8月的1～2个降雨过程，容易形成洪涝灾害。春季（3～5月）降雨量只占年降雨量约10%，春旱频繁发生。除年内分配不均外，年际变化大，丰枯年降水量可相差1倍。经常出现连续枯水年，1980～1984年、1999～2004年出现两次连续5年的降水偏枯段。

在空间分布上，降水地区差异较大（图4-1）。唐山、秦皇岛降水量相对丰富，超过600mm，永定河上游张家口一带多年平均年降水量只有420mm。在平原区，石家庄和衡水地区相对贫乏，小于450mm（封志明和刘登伟，2006）。

京津冀地区多年平均地表水资源量148.65亿 m³（图4-2）。地表水资源量的时空分布特点与降水量基本相同，以承德–唐山–秦皇岛地区相对丰富。地表水资源量年际变化更大，丰枯水年地表水资源量可相差6倍。京津冀地区多年平均地下淡水（矿化度小于2g/L）资源量126.5亿 m³。另外，在天津南部、唐山、保定、廊坊、沧州等地还有矿化度在2～3g/L的微咸水资源量9.5亿 m³。京津冀都市圈1956～2000年多年水资源总量257.74亿 m³，其中北京市37.32亿 m³，天津市15.7亿 m³，河北省204.72亿 m³（封志明和刘登伟，2006）（表4-1）。

京津冀地区属于严重资源型缺水地区，人均水资源占有量只有274.25m³，只相当于全国平均的1/7；亩均水资源占有量305m³，只相当于全国的1/5（图4-3）。从都市圈内部分分析，承德、秦皇岛人均水资源量达到 500m³ 以上，水资源相对丰富，其中承德市人均水资源占有量 1039.78m³；天津、沧州、廊坊、衡水、邯郸小于 200m³，自产水资源贫乏；其他市为 200～500 m³（水利部，2006；河北省水文局，2005；北京市水务局，2005）。

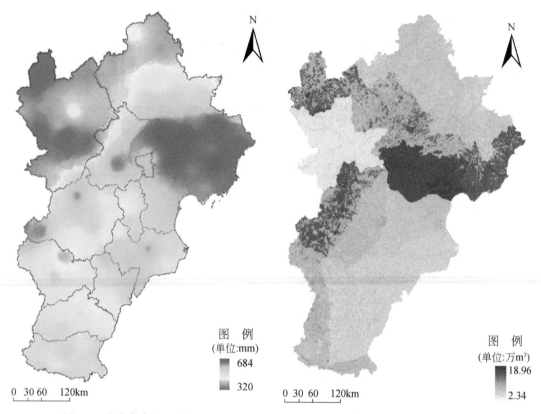

图 4-1　京津冀降水量分布图　　　　　　图 4-2　京津冀多年平均水资源分布图

表 4-1　京津冀多年平均水资源情况

省/市	降水量 /mm	降水量 /亿 m³	地表水资源量 /亿 m³	地下水资源量 /亿 m³	重复计算量 /亿 m³	水资源总量 /亿 m³	人均水资源量 /m³
北京	584.67	98.22	17.65	25.59	5.93	37.32	242.62
天津	574.87	68.52	10.65	5.71	0.67	15.70	150.52
秦皇岛	672.39	52.11	13.31	7.34	3.64	17.01	590.71
唐山	647.34	86.65	14.63	13.55	4.02	24.15	332.67
承德	532.51	210.88	34.10	14.01	13.06	35.04	1039.78
张家口	419.95	155.23	11.54	12.61	5.27	18.88	451.69
廊坊	555.27	35.70	2.64	4.97	0.29	7.89	199.32
保定	566.17	125.19	15.85	21.21	6.81	30.26	281.98
沧州	557.92	78.42	5.90	6.52	0.96	13.38	195.66
石家庄	538.33	75.78	9.90	14.76	3.50	21.16	228.30
衡水	513.47	45.26	0.73	5.32	0.75	6.81	161.36

省/市	降水量 /mm	降水量 /亿 m³	地表水资源量 /亿 m³	地下水资源量 /亿 m³	重复计算量 /亿 m³	水资源总量 /亿 m³	人均水资源量 /m³
邢台	531.38	66.19	5.56	10.57	1.51	14.61	214.84
邯郸	552.29	66.53	6.19	11.54	2.20	15.53	179.30
河北省	6087.02	997.94	120.35	122.4	42.01	204.72	300.31
合计	7246.56	1164.68	148.65	153.7	48.61	257.74	274.25

数据来源：水利部，2006。

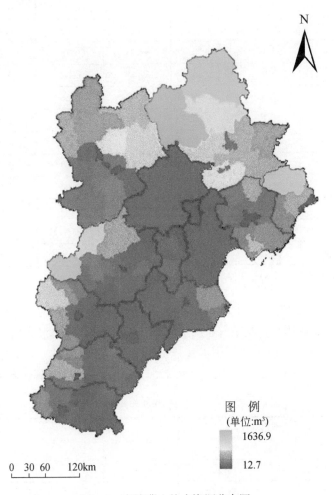

图4-3 京津冀人均水资源分布图

2）水资源开发利用情况

（1）供水状况。供水量指各种水源工程为用户提供的包括输水损失在内的毛供水量。京津冀地区2005年总供水量258.58亿 m³。其中，当地地表水67.89亿 m³，占26.25%；地下淡水（包括浅层水和深层承压水）184.61亿 m³，占71.39%；其他水源供水（包括引黄济津应急供天津和引黄济冀供沧州的黄河水量、微咸水、废污水处理回用，以及少量雨水利用和海水淡化水量等）6.08 亿 m^3，占 2.36%（表4-2）。

表4-2 京津冀 2005 年供水情况

省/市	地表水供水		地下水供水		其他水源供水		总供水量/亿 m^3
	水量/亿 m^3	比例/%	水量/亿 m^3	比例/%	水量/亿 m^3	比例/%	
北京	7.00	20.29	24.90	72.17	2.60	7.54	34.50
天津	16.02	69.51	6.98	30.18	0.10	0.82	23.10
秦皇岛	2.70	30.49	5.97	67.41	0.19	2.10	8.86
唐山	6.46	23.19	21.15	75.86	0.27	0.95	27.88
承德	4.52	48.69	4.72	50.85	0.04	0.46	9.28
张家口	3.94	36.15	6.78	62.21	0.18	1.63	10.90
廊坊	1.07	9.93	9.66	89.88	0.02	0.19	10.75
保定	3.25	9.85	29.18	88.44	0.56	1.71	32.99
沧州	1.54	11.13	11.69	84.44	0.61	4.43	13.84
石家庄	4.59	13.95	26.81	81.47	1.51	4.59	32.91
衡水	1.68	10.58	14.20	89.42	0.00	0.00	15.88
邢台	6.40	33.33	12.81	66.67	0.00	0.00	19.21
邯郸	8.72	47.20	9.76	52.80	0.00	0.00	18.48
河北省	48.32	24.11	148.77	74.21	3.38	1.69	200.98
全区	67.89	26.25	184.61	71.39	6.08	2.36	258.58

数据来源：北京市水务局（2006）；天津市水务局（2006）；河北省水文局（2006）。

（2）用水量与用水结构。京津冀地区 2005 年各行业总用水量为 258.58 亿 m^3。其中生产用水（工业用水、农业用水，其中农业用水包括农田灌溉和林牧渔业用水）用水量为 219.70 亿 m^3，占总用水量的 85.0%；生活用水（包括城镇居民生活用水、农村居民生活用水）用水量 36.37 亿 m^3，占 14.0%；生态用水量为 2.51 亿 m^3，约占 1.0%（表4-3）。

表4-3 京津冀 2005 年用水情况　　　　　　（单位：亿 m^3）

省/市	生产用水		生活用水	生态用水	总用水量
	工业	农业			
北京	6.80	13.22	13.38	1.10	34.50
天津	5.77	13.78	3.10	0.45	23.10
秦皇岛	1.40	6.38	0.98	0.10	8.86
唐山	5.69	19.56	2.60	0.03	27.88
承德	0.92	7.15	1.20	0.01	9.28
张家口	1.53	8.43	0.92	0.02	10.90
廊坊	1.17	8.04	1.43	0.11	10.75
保定	3.41	26.88	2.64	0.06	32.99

续表

省/市	生产用水		生活用水	生态用水	总用水量
	工业	农业			
沧州	1.50	10.72	1.59	0.03	13.84
石家庄	3.53	25.28	3.68	0.42	32.91
衡水	1.01	13.60	1.21	0.06	15.88
邢台	2.21	15.16	1.83	0.01	19.21
邯郸	3.31	13.25	1.81	0.11	18.48
河北	25.68	154.45	19.89	0.96	200.98
全区	38.25	181.45	36.37	2.51	258.58

数据来源：北京市水务局（2006）；天津市水务局（2006）；河北省水文局（2006）。

京津冀全区 2005 年用水结构可用图 4-4 表示。

其中北京、天津和河北 2005 年用水结构图分别如图 4-5、图 4-6、图 4-7 所示。

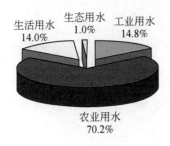

图 4-4　京津冀全区 2005 年用水结构

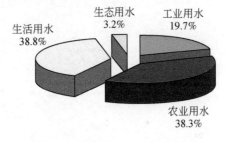

图 4-5　北京市 2005 年用水结构

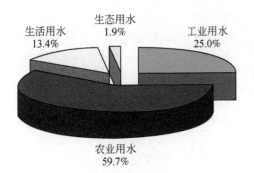

图 4-6　天津市 2005 年用水结构

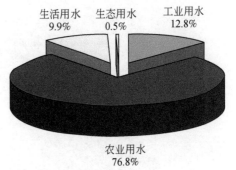

图 4-7　河北省 2005 年用水结构

2. 土地资源及其开发利用状况

京津冀地区土地总面积为 21.36 万 km^2，其中北京 1.63 万 km^2，天津 1.17 万 km^2，河北 18.56 万 km^2。耕地面积分别为北京 5225km^2，天津 5500km^2，河北 66 090km^2，全区耕地总面积为 7.68 万 km^2，占区域总面积的 35.96%。该地区背山面海，为北方入海的重要通道，是华东、西北、华北连接东北的必经之地，也是我国经济由东向西扩张，由南向北推移的重要节点。本区地貌类型自东南向西北呈过渡性阶梯状分布，西北部为高原、山地和丘陵组成的山区，占土地总面积的56%；东南为京津冀平原，地势由西南、西北向渤海倾斜。平原区包括山麓平原、中部低平原和滨海平原，占44%。京津冀地区气候属于温带大陆性季风气候，光热条件充足，年平均降水量为300~800mm，水分条件地区分布不均匀，基本以官厅水库（海坨山）为界，南为半湿润地区，北为半干旱地区，水分条件的差异引起了京津冀地区南北农业的区别。本区土壤主要为褐土、潮土、棕壤、栗钙土和盐土，其中褐土和潮土分布最广，褐土从山区到山前平原都有分布，潮土主要分布于平原地区。

近年来，京津冀地区国民经济快速发展，平原区土地资源利用效率、经济水平都较高，山区则相对落后。京津冀都市圈主要土地利用类型地理分异明显，西北部山区以林草地为主、未利用地为附，向东南逐步过渡为以耕地为主、建设用地为副的空间格局（图4-8）。

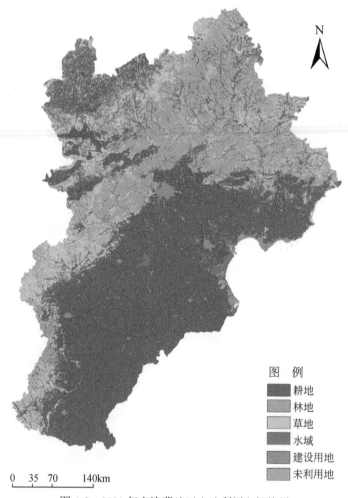

图　例
耕地
林地
草地
水域
建设用地
未利用地

0　35　70　　140km

图4-8　2000年京津冀地区土地利用空间格局

（1）西北部燕山和太行山区：包括张-承地区和秦-京-石-保北部山区，主要是林草地，以林果业用地向林牧业用地为主，同时拥有比较丰富的未利用地；其中张-承地区是我国生态环境脆弱和贫困人口集中的地区。

（2）东南部平原及沿海地区：以耕地（种植业用地）为主，同时也是人口集中、产业集聚的地区，建设用地面积仅次于耕地面积居第二位。

3. 矿产、海洋等资源及其开发利用状况

1）矿产资源及其开发利用情况

（1）矿产资源状况。北京市蕴藏着比较丰富的地质矿产资源，矿产开发利用和采冶活动历史悠久，采金、冶铁、陶瓷业始于秦汉，西山煤矿发轫于辽金之前，到元、明、清时期采矿和京能矿业已很兴盛。在北京发现各类矿产 124 种，其中列入矿产储量表的有 66 种，矿产地 359 处，保有储量潜在价值 3232 亿元，按单位面积列全国第六位。矿产储量排名全国前三位的有 16 个矿种。现全市开采矿山 2170 处，其中国有矿山 74 处，从业人员 13 万余，矿业产值 25 亿元。产量较大、产值较高的矿种主要有煤、铁、金，建材矿产有石灰石、白云石、花岗石、大理石、砂石黏土，还有地下水、地热、矿泉水等。以北京矿务局的西山煤炭基地、首钢公司的密云铁矿、京都黄金公司的怀柔黄金矿山和北京建材集团的多个建材资源矿山为基础的矿业企业，长期以来对北京的城市建设和经济发展起着有力的支撑作用，目前年产矿石总量 6700 多万吨，总量自给率达 60% 以上，仅 2005 年原煤生产量就有 945.2 万 t，煤制品等二次能源 2832.1 万 tce，热力为 113 557 亿 kJ（谭浩，2006）。

天津矿产资源较多，蕴藏量较为丰富，已经探明的近 30 种，其中有金属矿、非金属矿、能源矿等。金属矿主要分布在天津北部蓟县山区；非金属矿主要分布在山区和滨海平原；能源矿和地热资源主要埋藏在滨海平原下部。金属矿有蓟县东西水厂锰硼矿，蓟县团山子铀矿，蓟县太平庄黄花山、凤凰山的钨矿，蓟县钼矿，许家台铜铅矿，蓟县黄花山金矿，蓟县黄花山磁铁矿，以及铁岭子赤铁矿。非金属矿有产于蓟县山区中上元古界地层的石灰岩、白石岩、石英岩、石英砂岩和石英，蓟县下营磷矿，蓟县石臼硫铁矿，蓟县小辛庄、刘吉素重晶石矿，蓟县朱耳钾矿等。建筑材料矿有盘山花岗岩和黑老山迭层石灰岩、水泥原料石灰岩、黏土，玻璃原料石英砂、长石以及紫砂陶土和麦饭石。能源矿主要有石油、天然气、煤炭、地热等。石油和天然气分布在滨海平原和渤海，现开采集中在海岸一带。煤炭资源多储藏在平原地区的下部，初步探明含煤面积近 4000km²，煤层 4~14 层埋深 1000 多米。地热资源埋藏深度在 60~1000m，水温一般有 30~63℃，更深的可达 58~96℃。从 1936 年开凿第一眼地下热水井起，至今已打出 200 多眼，王兰庄地热田已进行开发利用，水温 37~52℃，单井出水量达 80t/h，开发前景广阔（唐旗，2006）。

河北矿产资源丰富，有著名的华北油田、开滦煤矿及迁安、邯郸铁矿，石家庄、邯郸等新兴工业基地。作为我国矿产资源大省之一，截至 2003 年全省已发现各类矿产 130 种，探明有储量的矿产由新中国成立初期的十几种增加到 78 种。其中，炼焦煤和石油、铁矿石储产分居全国第一、第三位。在有探明储量的固体矿产中，储量居全国首位的有 9 种（冶金用白云岩、水泥配料用砂、天然油石、含钾砂页岩、耐火用橄榄岩、建筑用角闪岩、饰面用正长岩、玻璃用凝灰岩和宝石），居前六位的 36 种，居前十位的 49 种。河北省固体矿产分布于燕山和太行山区的 8 个市，石油、天然气、地热在 3 个平原地市均有大面积分布。主要矿种分布相对集中，其中煤矿主要分布于冀东动的唐山、冀南的邯郸、邢台和

冀西北的张家口。铁矿集中在唐山（占全省总量的 68%）、冀南的邯郸、邢台，钒钛磁铁集中在承德。铜分布于承德、保定，铅锌分布于张家口、承德、保定。金相对集中在唐山、张家口、承德、石家庄；银则分布在张家口、承德、保定。水泥用石灰岩集中在唐山、石家庄和邯郸。

全省现有矿山 10 361 个，其中大型 33 个，中型 54 个，小型 10 274 个，年开采矿石总量达 2 亿多吨。矿业经济总产值（包括采选冶及相关产业）1613.17 亿元，占全省工业总产值的 53.9%。矿产资源为全省国民经济的发展提供了 92% 的一次性能源、80% 以上的工业原材料，以及 1/3 的工农业用水和生活用水。这些资源分布广泛，体系比较完整，具有建设大型钢铁、建材、化工等综合工业基地和发展煤化工、盐化工、油化工的有利条件和良好基础（李苍绵，2007）。

（2）矿产资源开发利用情况。原国土资源部部长孙文盛在"2005 中国国际矿业大会"上表示，"十一五"期间我国在矿产资源勘察开发方面的主要政策取向是：能源产业，要坚持节约优先、立足国内、煤为基础、多元发展，构筑稳定、经济、清洁的能源供应体系；建设大型煤炭基地，调整改造中小煤矿，开发利用煤层气；加强国内石油天然气勘探开发，扩大境外合作开发。矿产开发，要加强重要矿产资源的地质勘察，增加资源地质储量，规范开发秩序，实行合理开采和综合利用，健全资源有偿使用制度，推进资源开发和利用技术的国际合作。在此政策下，京津冀地区今后的矿产资源勘察开发都将健康稳定的发展。

北京 2005 年的能源生产总量为 3511.6 万 tce，比 2004 年下降了 104.2 万 tce。其中一次能源 679.5 万 tce，占 19.35%，二次能源为 2832.1 万 tce，占 80.65%。作为经济发展的重点城市，北京的能源消费总量近几年一直稳步增长，从 1996 年的 3734.5 万 tce 到 2005 上升为 5521.9 万 tce，大量吸引了周边地区的能源供给。从能源终端消费量来看，2005 年的各行业比例依次为：第一产业（农、林、牧、渔业）为 1.56%，采矿业本身为 0.45%，制造业为 41.58%（王敏和杨朝宇，2006）。

天津能源生产总量不断上升，1990 年为 719.41 万 tce，到 1995 年上升为 978.82 万 tce，增加了 36%；到 2005 年则是 2663.93 万 tce，在十年内翻了近 4 倍。由于经济不断发展，相应的能源消耗也在增加，从 1990 年的 2037.93 万 tce 到 2005 年的 4115.19 万 tce，也增加了一倍。从能源终端消费量来看，2005 年的各产业比例依次为：第一产业为 2%，第二产业为 77.72%，第三产业为 20.28%，第二产业占的比重最大（张万托和常健，2005）。

河北作为整个京津冀区域里矿产比较集中的省，其国民经济产值中有很大的部分是来自于矿产业，因此对矿产资源的合理开发利用比较重视。早在 2000 年的《河北省矿产资源总体规划》中，就提到：河北省的采选业年总产值 255 亿元，其中，采掘业产值 241 亿元，有 38 个矿山企业（煤、铁、金）年产值达 0.5 亿元以上。河北省已探明的矿产资源开发利用程度较高，近十年来发展的尤为迅速。1999 年底，已开发主要矿产 38 种以上；到 2005 年，开发金属类矿产如铝、镁、锌、铜、铅、金属硅等 17 种，非金属类矿产如高岭土、膨润土、硅灰石等 39 种。1999 年全省已有矿山企业 9486 个，从业人员 79 万人，大中型矿山 87 个，小型矿山 9399 个；到 2005 年，仅采矿业从业人员就有 27.6 万人。2005 年河北主要能源、黑色金属矿产基础储量为：石油 12 951.8 万 t、天然气 179.5 亿 m^3、煤炭 71.8 亿 t、铁矿石 5.7 万 t（《河北省矿产资源总体规划》，2000）。

2）海洋资源及其开发利用情况

（1）资源状况。京津冀地区中北京虽属内陆，但天津和河北却有着比较丰富的海洋资源。总体来看，区域海岸线总长约 840km，其中大陆岸线 640km，海岛岸线约 200km。

天津海洋资源丰富，主要有海盐、石油和鱼类等。中国最著名的海盐产区长芦盐场就在这里，原盐年产量 200 多万吨。渤海海底蕴藏着大量的石油和天然气，它是华北盆地上的胜利、大港、辽河等油田向海洋延伸部分。渤海油田目前已形成一定规模，中国与日本合作开采的海上油井，日产量达 1000 多吨。天津的海岸线长，水产资源丰富，仅鱼类就有 70 多种。天津地处海河水源入海口，河流纵横，洼淀密布，有淡水鱼类 60 多种。

河北省东临渤海，具有海洋资源的优势，海岸线总长度为 625.7km，其中大陆岸线长487.3km，岛屿岸线长 138.4km。河北海区沿岸河流纵横，地貌复杂多样，岸段性质却比较明显。从山海关张庄至戴河口是基岩岸段，戴河口至乐亭县大清河口是沙质岸段。大清河口至海兴县大口河口为淤泥粉沙质岸段。在多变复杂的河北海岸，尤以淤泥粉沙质岸段海岸线变化明显。海洋资源通常分为三大类，即海洋空间资源、海洋生物资源和海水化学资源。河北海洋空间资源的利用越来越广泛：从海域看，不仅利用沿海资源，而且公海资源亦为世界公有，可涉及我国沿海和世界大洋；从利用方式看，也由传统的海上运输、旅游，发展到利用海洋空间进行生产、储藏、通信等方面（宋素青等，2003）。

（2）海洋资源开发利用状况。渤海属于我国内海，海洋生物资源很为丰富，主要是鱼、虾、蟹、贝、藻等。近些年来，渤海生物资源由于捕之者众养之者寡，酷渔滥捕等原因，渔业资源向量少质差方向演变。为弥补海洋生物资源不足，海水养殖业逐步兴起，以充分利用浅海滩涂资源。河北海水化学资源，目前以提取海盐为主，沿海地带具有生产海盐的优越自然条件，海滩广阔，地势低平，雨季短而集中，日照充足，蒸发量大，产量高，年产近 400 万 t，居全国前列，质量好，属长芦盐，国内外驰名。利用海盐制碱是发展海洋化工的重要途径，唐山碱厂已经建成投产。

天津目前更新改造海洋水产业、海洋交通运输业、海洋制盐业和造船业等传统产业，同时注重发展海洋高新技术产业。由于不断应用高新技术进行技术改造，生产能力和经济效益明显提高，已具规模的海洋高新技术产业主要有海洋油气业、海水淡化等产业，海水综合利用和海洋化工也有了一定基础。

河北目前对海洋资源的利用主要是运输和旅游。境内大陆海岸线长 487km，中间被天津市相隔，分为南北两段。沿海建港具有优势，各港址都有岸线稳定、冰期短、冰层薄、固定冰宽度不大、雾日较少的特点。目前已建成的港口以秦皇岛港规模最大，还正在扩建，不仅是全国，而且是世界上最大的能源运输港口。同时唐山的京唐港、沧州的黄骅港都是列入国家计划的重点项目，正在抓紧建设。另外曹妃甸港正在考察论证，具有很好的前景。北戴河利用沿海有利条件，已成为著名的避暑旅游胜地（王月霄等，2001）。

（3）海洋资源开发利用中的问题。京津冀地区海洋资源开发过程中，目前比较突出的问题集中在两个方面：一是资源无序开发，海域管理混乱。近些年来，渤海生物资源由于捕之者众养之者寡，酷渔滥捕等原因，渔业资源向量少质差方向演变。必须进一步健全和完善地方海洋法规体系，做到依法用海、合理用海。同时开展海洋资源更新调查与评价，建立海洋资源利用动态监测体系。严格执行海洋功能区划制度、海域权属管理制度和海域有偿使用制度，依法保护海域使用权人的合法权益，打击违法用海行为。加强海洋行政管理和执法监察队伍建设，运用先进技术和手段，不断提高海域管理和执法水平，促进海域合理、科学、有序开发。二是，生态环境脆弱，保护力度不足。以维护海洋生物多样性、保持海洋生态良性循环为目标，加强陆域污染源治理，实现污染物总量控制和达标排放。大力发展生态农业，提倡科学养殖，减少面源污染。严禁海上石油、船舶、港口污染物乱排滥放。加强滨海湿地、自然保护区和海岸防护林的保护，扩大自然保护区数量和范围。制定海岸带灾害防治规划，加强海岸侵蚀、海水入侵、地面沉降、赤潮、风暴潮等海洋灾害防治，建立健全海洋环境监测预报体系，严格执行建设项目环境影响评价制度，提高应急事件快速反应和处理能力（赵永宏，2008）。

4.1.2 京津冀发展中的主要生态环境问题

1. 水污染严重、治理成效不够明显

京津冀地区人口密集，工业发达，城镇和工矿企业需水量大，在水资源超限开发的同时，工业废污水排放量也在大幅度增加，使流域水环境从20世纪80年代开始急剧恶化，水污染从下游发展到上游、从城市到农村、从地表水到地下水、从局部发展到全区。本区所处的海河流域全流域废污水排放量在逐年增加，1980年废污水排放量27.7亿t，其中工业废水占74%；1998年废污水排放量增至55.6亿t，其中工业废水占69%。全流域被污染河长的比例由1980年的28%增至1998年的75%。流域水环境恶化主要是排放未经处理的工矿企业废水和生活污水造成的。海河流域工业排污主要是化工、造纸、火电、食品、冶金五大行业，排放的废水量约占工业废水排放总量的50%以上。

20世纪90年代以来，海河干流和主要支流的水质一直是以V类和劣V类为主。北运河、南运河的天津段和沧州段、漳卫新河、徒骇河、马颊河等河段的污染最为严重，其原因是河北省以能源、原材料为主的工业结构，再加上乡镇企业和"十五小"企业较多，排放废污数量大，而上述河流径流量小，自净能力弱。另外，还有桑干河、洋河也受到河北张家口市、宣化县工业的严重污染，使官厅水库水质严重恶化。

1993年3月国务院批准实施《海河流域水污染防治规划》，到1999年年底海河流域1596个工业重点污染源中，有794家已治理达标，166家已完成治理工程待验收，204家在施工，关停276家，还有156家未进行治理。初步治理成果是1998年比1995年减少了2亿t；但171个监测断面V类和劣V类仍占49.7%。

到2000年，海河流域工业废水和城镇生活污水排放总量达53.9亿t，其中87%的污水未经处理就排入了河流和水库。目前流域内有10多条主要的排污河流（段）。这些河流（段）水体水质极差，水中污染物浓度远高于国家地面水环境质量标准，危害极大。不仅地表水受到污染，流域平原区地下水（特别是浅层地下水）也受到一定程度的污染。供水水质恶化，降低了饮用水安全保证程度。城市地表水和地下水源都受到不同程度的污染，部分水库出现富营养化现象，并呈加剧趋势。

截至2004年年底，海河流域水系总体上呈重度污染（图4-9，表4-4）。44条河流67

个断面中，1 类水质断面 2 个，占 3.1%；2 类水质断面 7 个，占 10.4%；3 类水质断面 8 个，占 11.9%；4 类水质断面 9 个，占 13.4%；5 类水质断面 3 个，占 4.5%；劣 5 类水质断面 38 个，占 56.7%。与上年度（2003 年）相比，唐山陡河段、保定拒马河段和白洋淀、邯郸的漳河段的水质有所好转；北京的永定河段、沧州南运河段水质略有下降，其他监测河段水质基本持平（夏军和黄浩，2006）。

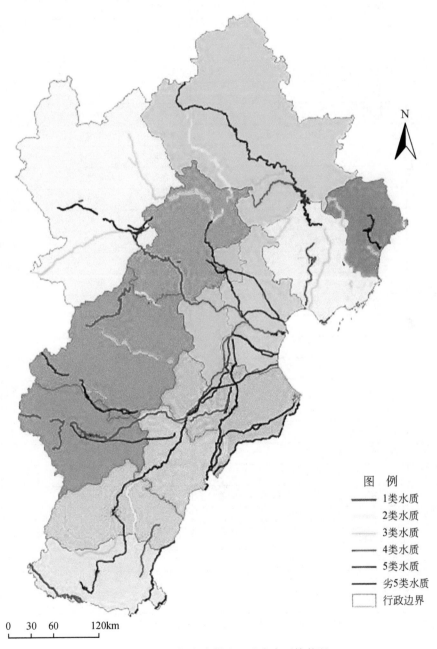

图 4-9　2004 年京津冀地区地表水环境状况

表 4-4　2003 年、2004 年京津冀地区水环境状况统计表

省/市	流域三级区	污染指数	2004 年水质	2003 年水质
北京	潮河（滦河支流）	1.95	2 类	2 类
	北运河（北三河）	70.06	劣 5 类	劣 5 类
	永定河	5.255	劣 5 类	5 类
	大清河	1.9	2 类	1 类
天津	滦河	11.861 43	2 类	2 类
	海河	10.1	4～劣 5 类	4～劣 5 类
	北运河（北三河）	17.11	5 类	5 类
	子牙河	9.73	4 类	4 类
	大清河	30.8	劣 5 类	劣 5 类
	黑龙港河（黑龙港及运东平原）	12.01	5 类	5 类
石家庄	子牙河	11.39	4～劣 5 类	4～劣 5 类
唐山	陡河（滦河支流）	2.68	4 类	5 类
秦皇岛	洋河（滦河支流）	6.02	劣 5 类	劣 5 类
邯郸	漳河（漳卫河平原、岳城水库出口）	2.3	1 类	3 类
	漳河（漳卫河平原）	2.6	2 类	2 类
	卫河（漳卫河平原）	29.71	劣 5 类	劣 5 类
	子牙河	11.44	劣 5 类	劣 5 类
邢台	卫运河（黑龙港及运东平原）	178.49	劣 5 类	劣 5 类
	子牙河	207.08	劣 5 类	劣 5 类
保定	拒马河（大清河支流）	4.8	4 类	劣 5 类
	府河（大清河支流）	52.31	劣 5 类	劣 5 类
	白洋淀	3.86	3 类	5 类
张家口	滦河	3.15	3 类	3 类
	洋河（永定河）	29.09	劣 5 类	劣 5 类
	桑干河（永定河）	3.6	3 类	3 类
承德	滦河	3.92	4 类	4 类
沧州	南运河（黑龙港及运东平原/鲁－冀断面）	32.315	劣 5 类	劣 5 类
	南运河（黑龙港及运东平原/冀－津断面）	—	3 类	2 类
	子牙新河	70.22	劣 5 类	劣 5 类
	岔河（黑龙港及运东平原）	40.2	劣 5 类	劣 5 类
廊坊	北运河（北三河）	49.92	劣 5 类	劣 5 类
衡水	子牙河	67.79	劣 5 类	劣 5 类

资料来源：国家环境保护总局，2001～2005 年度全国环境质量报告书。

　　近海海域：天津市境内渤海近岸海域面积约 3000km²，分为 7 个环境功能区，分别执行《海水水质标准》一类、二类、三类、四类标准。2004 年，天津近岸海域 10 个观测点的统计表明，二类、三类海水分别占 10%、40%；劣四类海水占 50%；水质达标率仅为 38%。唐山、沧州等近海海域污染较重：唐山的两个观测点全部为劣四类水质；沧州的 1 个观测点也是劣四类水质（夏军和黄浩，2006）。

2. 地下水严重超采

水资源开发利用超出承载能力的直接表象就是水生态环境恶化，如包括大范围地面沉降、湖泊湿地萎缩和河道断流，以及大面积严重的水污染。在太行山前平原和山间盆地城市和工矿区的布局较为密集，用水量大，且集中，造成浅层地下水超采严重，已形成范围达 2.8 万 km^2 的超采区，城市附近水位已降至 20~30m。东部平原的深层地下水的超采范围也达 5.1 万 km^2，天津和沧州的漏斗中心水位已达 100m。由于地下水位下降，已引起北京、天津、沧州等城市地面沉降和滨海地区海水入侵，使淡水层水质变坏，水井报废（封志明和刘登伟，2006）。

地下水超采引发的生态与社会问题主要有地面沉降和地裂缝对地表构筑物的破坏、高含氟及低含碘地下水作为饮用水导致人体健康受损等。2000 年年底，仅海河南系平原区比较大的浅层地下水漏斗宁柏隆漏斗，漏斗面积达 $1000km^2$，心埋深 40m。由于黑龙港地区地下水位大面积下降，原有的几个深层水漏斗已连成片，比较严重的深层地下水位下降漏斗为沧州漏斗和冀枣衡漏斗，中心地下水位埋深 85.77m 与 95.17m，且漏斗面积继续扩大，埋深继续下降。河北省每年因地下水位下降，出水量减少造成机井报废、机泵换代、效率降低、能耗增加等形成直接经济损失约 21.6 亿元，给工农业生产及城镇、农村居民生活造成了严重的危害（程英，2000；郑连生，2004）。

饮用地下高含氟水引发氟中毒，则是京津冀地区水资源短缺和地下水超采导致的最严重的社会问题。高氟水主要分布在沧州、廊坊等中部与滨海平原的广大地区。据有关方面统计，京津冀地区共有病区县 60 个，病区总人口达到 547.2 万，其中氟斑牙人数 93.2 万，氟骨症人数 5.8 万，患病率分别达到 19.33% 和 0.78%。按饮水含氟量进行划分，轻病区（含氟量 1~2mg/L）约占病区村的 55.78%，中、重病区（含氟量大于 2mg/L）约占 44.22%。20 世纪 90 年代以来，氟中毒影响的区域呈扩大趋势，其中，廊坊主要是由于进入 80 年代以来上游北京市截流了大量地表水，使得许多原来以低氟地表水作为饮用水源的地区改饮高氟地下水，相应增加了高氟水的饮用人群数量（吕传赞，2000）。

目前天津市发生地面沉降的面积已达 $7300km^2$，占全市总面积的 61%，其中塘沽区累计地面沉降值已达 3.14m，城区已有 8 km^2 低于海平面。随着上游和本地区水资源过度开发，"九河下梢" 的面貌早已不复存在，湿地和湖泊面积与 20 世纪五六十年代相比减少了 80%。此外，全市 19 条一级河道，绝大部分为 5 类水或劣 5 类水质，全市农田污灌面积达 240 万亩，占全市农田有效灌溉面积的 40%（麻新平，2008；户作亮，2007）。

3. 土地退化严重，加剧了土地资源和生态承载压力

本区荒漠化土地面积 44 167.2km^2。其中，草场退化面积 12 970km^2，占实有草场总面积的 48.4%；原始森林退化面积 7330km^2，占原始森林面积的 78%；土地沙化面积 26 820km^2，占全区总土地面积的 14.9%。在西部和北部的太行山东坡、燕山山地，由于长

期人类活动，京津冀地区的植被已经遭到了破坏，森林覆盖率特别低，再加上气候比较干燥，植被恢复速度慢，夏季常常出现暴雨，对地表的冲刷力量大，造成了山区的水土流失非常严重，有时会引发泥石流。区域内水土流失面积 5.8km²，占全区总土地面积的 31.7%。其中，永定河流域水土流失面积 11 299.5km²，占本流域面积的 52.81%；潮白河水土流失面积 8925.9km²，占本流域面积的 45.59%。水土流失不仅吞食农田、降低肥力、淤积塘坝、引发洪涝和泥石流，而且形成对官厅和密云两大水库行洪和供水的巨大压力（李长伟，2005）。

北京西北的张承地区，是首都的主要水源涵养区，也是首都的主要河流地和风道。其中，以内蒙古多伦县境内沙丘为沙源，小坝子乡境内的沙丘为顶点，以潮河谷地为风道，形成的 4 条 6 万 hm² 风沙移动带；以商都县和正蓝旗境内的沙丘为沙源，尚义县和沽源县境内的沙丘为顶点，洋河、黑河和白河河谷为风道形成的 5 条 12 万 hm² 风沙移动带对北京风沙危害最为严重，怀来境内的 1.3 万 hm² 沙丘对北京的影响最为直接。目前坝上沙区、坝下沙区和平原沙区三大沙区是造成对北京的风沙威胁的主要地区（李长伟，2005）。

4. 缺乏有效的区域内、区际生态环境协调机制

对于区域性重大生态环境问题，从整个区域层次考虑的合作不多，高层次的合作磋商协调机制还没有建立。京津冀三省（直辖市）之间对如何共同争取国家对区域生态环境建设与保护的支持、如何从区域角度进行产业布局的宏观统筹等重大问题考虑不够。特别是在水资源开发利用中，缺乏有效的资源开发——生态补偿机制，如在 2000 年、2001 年、2002 年和 2003 年的滦河特枯年份，为保证天津的用水，在动用滦河上的潘家口水库死库容的存水时，这部分水全部调往天津。河北省唐山市没有得到相应的补偿。与此同时，国家在 2000 年、2002 年和 2003 年三次调黄河水供应天津，沿途的河北省沧州市封堵了所有沿河河道内的取水排水口门，保证天津用水的水量和水质。由于引黄入津也使沧州市引水相应延后，而因引黄入津，河北省付出的代价，也没有获得补偿。

4.2　京津冀城镇发展适宜性评价

4.2.1　水资源承载力评价

1. 水资源承载力计算方法

1）指标选取

水资源承载力评价指标体系是水资源承载力研究中的一个关键问题，其核心是用什么指标体系来反映人口、社会经济发展以及资源环境这个复杂巨系统的发展规模与质量。综合国内外的研究情况，选取 12 项指标来评价京津冀地区水资源承载能力的空间差异。

资源与社会、经济、生态环境相耦合构成的资源社会经济系统，是不断发展着的多层

次的复杂巨系统。从系统关系分析，生态环境系统为社会系统提供生存环境，资源系统支持社会系统生命的存在，经济系统为社会系统提供生存的物质条件，而这些子系统及其相互关系构成了复杂的区域资源社会经济系统。因此，应从水资源、社会、经济和生态环境4 个子系统相互依存和相互作用的关系入手，选取区域水土资源综合分析评价的指标。所选的指标应回答以下几方面的问题：①资源的供需平衡状况、承载状况及其开发利用潜力，并能给出资源系统能够承载的最大经济规模和人口规模；②既要反映资源的数量与质量、可利用量、开发利用状况及其动态变化对水土资源承载力的影响，又要反映被承载的社会经济发展规模、结构及发展水平变化对承载力的影响；③应反映水土资源、社会经济系统之间的协调状况。

（1）水资源禀赋与供需状况。水资源禀赋与供需状况包括水资源总量和水资源开发利用程度。水资源总量是水资源系统满足用水需求的最重要的指标，是水资源系统最主要的物理特征，也是水资源承载能力评价中最重要的因素。采用人均水资源量来表示。

水资源开发利用程度是表征水资源物理特征的一个重要指标，一个地区即使其水资源蕴藏量很大，但开发利用程度低，其实际可利用的水资源少，实际承载能力就低。采用人均用水量、用水效益（每立方米用水创造国内生产总值）（当年价）等来衡量。

因本区属于资源型水资源缺乏，因此有必要评价水资源短缺程度。采用地下水开采率、水资源总量利用率（75%来水年份可利用的水资源量与水资源的理论蕴藏量相比）加以描述。

（2）社会经济发展指标。社会经济发展指标是推动水资源发展变化的关键指标。可用人均 GDP、城市化水平、人均粮食产量等反映社会发达程度。人均产值的提高和较高城市化水平均有助于污水治理投资的增加。采用人口自然增长率指标反映人口对水资源系统及生态环境系统的压力状况。

（3）生态环境指标。水资源系统的超载，会引起生态系统的破坏和退化，因此生态系统的完整性也是衡量水资源系统变化的一个方面。采用植被及绿化状况指数、生物丰度指数和污染指数来表征生态环境质量状况。

2）模型构建与权重确定

运用层次分析方法（the analytic hierarchy process，AHP）确定各因子权重。应用此方法，决策者通过将复杂问题分解为若干层次和若干因素，在各因素之间进行简要的比较和计算，就可以得出不同方案的权重。

对于生物丰度指数、植被及绿化状况指数，采取以下两种方法进行评价。

（1）生物丰度指数。生物丰度指数是衡量被评价区域内生物多样性的丰贫程度，根据中华人民共和国环境保护行业标准——《生态环境状况评价技术规范（试行）》，生物丰度指数的计算公式如下：

$$生物丰度指数 = A_{bio} \times (0.5 \times 森林面积 + 0.3 \times 水域面积$$
$$+ 0.15 \times 草地面积 + 0.05 \times 其他面积) / 区域面积 \qquad (4-1)$$

式中，A_{bio} 为生物丰度指数的归一化系数，$A_{bio} = 100/A_{max}$，A_{max} 为生物丰度指数归一化处理前的最大值。

生物丰度指数分权重见表4-5。

表4-5　生物丰度指数分权重表

生态系统	森林					水域			草地			其他
权重	0.5					0.3			0.15			0.05
结构类型	雨林	常绿阔叶林	常绿落叶阔叶混交林	落叶阔叶林	针叶林	河流	湖泊	湿地	高覆盖草地	中覆盖草地	低覆盖草地	其他类型
分权重	1	0.6	0.5	0.3	0.2	0.1	0.3	0.6	0.6	0.3	0.1	0.05

（2）植被及绿化状况指数。植被及绿化状况指数可以用植被覆盖指数表示，它是指被评价区域内林地、草地及农田三种类型的面积占被评价区域面积的比重。根据中华人民共和国环境保护行业标准——《生态环境状况评价技术规范（试行）》，其计算公式如下：

$$植被覆盖指数 = A_{veg} \times (0.5 \times 林地面积 + 0.3 \times 草地面积 + 0.2 \times 农田面积) / 区域面积 \qquad (4-2)$$

式中，A_{veg} 为植被覆盖指数的归一化系数，$A_{veg} = 100/A_{max}$，A_{max} 指植被覆盖指数归一化处理前的最大值。

植被覆盖指数的分权重见表4-6。

表4-6　植被覆盖指数分权重表

植被类型	林地			草地			农田	
权重	0.5			0.3			0.2	
结构类型	有林地	灌林地	疏林地	高覆盖度草地	中覆盖度草地	低覆盖度草地	水田	旱田
分权重	0.6	0.25	0.15	0.6	0.3	0.1	0.7	0.3

最终确定的水资源承载力评价指标的权重见表4-7。

表4-7　水资源承载力评价指标体系与权重分布

一级指标		二级指标	
指标	权重	指标	权重
水资源禀赋与供需状况	0.637	人均水资源量/m³	0.564
		水资源利用率/%	0.263
		人均用水量/m³	0.118
		地下水开采率/%	0.055
水与人口、经济发展	0.258	用水效益/（元/m³）	0.491
		人均GDP/元	0.233
		人口自然增长率/%	0.046
		人均粮食产量/kg	0.093
		非农人口比例/%	0.138
生态环境	0.105	植被及绿化状况指数	0.300
		生物丰度指数	0.350
		污染指数	0.350

2. 京津冀水资源承载力态势分析

根据以上模型，在 GIS 空间分析功能支持下，将空间化的各种指标输入到模型中，得到京津冀地区水资源承载状况的空间分布数据（图 4-10）。

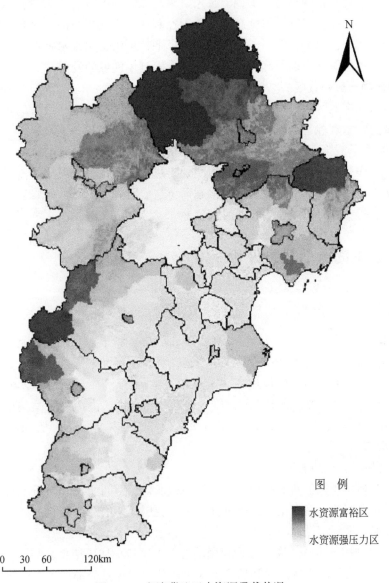

图 例

水资源富裕区

水资源强压力区

0　30　60　　120km

图 4-10　京津冀地区水资源承载状况

根据计算结果，将本区水资源承载状况分为四个类型：富裕区、持平区、一般超载区和强压力区。

1）水资源承载富裕区

水资源量相对丰富，人口稀少、社会经济发展落后，水资源开发利用程度低，具有将大的开发潜力。主要分布在承德市的围场满族蒙古族自治县、丰宁满族蒙古族自治县以及秦皇岛的青龙满族蒙古族自治县。该地区可以通过建设水利工程，提高本地水资源开发利用率，从而提高水资源承载能力。

2）水资源承载持平区

在现势开发利用程度下，水资源基本满足当地居民用水需要，并支持当前的社会经济发展规模。主要分布在秦皇岛、承德、张家口东部地区，可以为张家口、承德的重点发展提供一定程度的支持，但支持力度有限，必须控制在一定的规模内，避免重复污染－再防治的老路子。此外，保定、石家庄北部山区的阜平、平山也属于水资源承载持平区，但该地区地形、土地资源状况以及涵养水源的需要，限制了区域的发展。

3）水资源一般超载区

张家口西北部地区、唐山、保定—石家庄的西部山区以及沧州沿海的黄骅。水资源开发利用程度高，水资源与当地居民用水、社会经济发展需水有一定差距。

4）水资源承载强压力区

北京、天津和冀南各城区。水资源长期处于过量开采状态，需要外流域调水才能解决水资源供需矛盾；另外，水资源过压对生态环境造成巨大影响，生态修复和环境改善需要一定的水量支持，并将持续相当长的时间。

4.2.2　土地资源承载力评价

1. 京津冀土地资源开发利用的时空演变规律

土地利用变化数据利用 1995 年、2000 年和 2005 年 3 期 1:10 万土地利用数据以及近年来的土地资源统计汇总数据作为基本信息源。根据土地的利用方式，将其分为耕地、林地、草地、水域、城乡居住建设用地、未利用土地等 6 个一级类型，22 个二级类型。在 GIS 数据挖掘和空间分析功能支持下，以土地利用动态度、土地利用类型相对变化率、土地利用/覆盖类型重心变化等指标，表征区域土地利用的时空演变状况。

1）研究方法

A. 土地利用变化的数量描述方法

区域土地利用变化包括土地利用类型的面积变化、空间变化和质量变化。面积变化首先反映在不同类型的总量变化上，通过分析土地利用类型的总量变化，可了解土地利用变化总的态势和土地利用结构的变化。

（1）土地利用变化的速度。土地利用动态度可定量描述区域土地利用变化的速度，它对比较土地利用变化的区域差异和预测未来土地利用变化趋势都具有积极的作用（刘纪远等，2002，2009）。单一土地利用类型动态度可表达区域一定时间范围内某种土地利用类型的数量变化情况，公式表示为

$$K = \frac{U_b - U_a}{U_a \times T} \times 100\%$$ (4-3)

式中，U_a、U_b 分别为研究期初及研究期末某一种土地利用类型的数量；T 为研究时段长；当 T 设定为年时，K 为研究时段内某一土地利用类型的年变化率。

（2）土地利用类型相对变化率。引入单一土地利用类型相对变化率来反映土地利用数量变化的区域差异。区域某一特定土地利用类型相对变化率可表示为

$$R = \frac{|K_b - K_a| \times C_a}{K_a \times |C_b - C_a|} \tag{4-4}$$

式中，K_a、K_b 分别为区域某一特定土地利用类型研究期初及研究期末的面积；C_a、C_b 分别代表研究区某一特定土地利用类型研究期初及研究期末的面积。

B. 土地利用变化空间格局描述方法

可以用土地利用/覆盖类型重心变化情况来反映。第 t 年某种土地利用/覆盖类型分布重心坐标计算方法为

$$X_t = \sum_{i=1}^{n} (C_{ti} \times X_i) / \sum_{i=1}^{n} C_{ti} \tag{4-5}$$

$$Y_t = \sum_{i=1}^{n} (C_{ti} \times Y_i) / \sum_{i=1}^{n} C_{ti} \tag{4-6}$$

式中，X_t、Y_t 分别为第 t 年某种土地利用/覆盖类型分布重心的坐标；C_{ti} 为第 i 个小区域该种土地资源的面积；X_i、Y_i 分别为第 i 个小区域的几何中心的坐标；n 为研究区内小区域的总个数。通过比较研究期初和研究期末各种土地利用/覆盖类型的分布重心，就可以得到研究时段内土地利用/覆盖类型的空间变化规律。

2）京津冀土地资源开发利用的时空演变

A. 土地利用变化的数量特征

a. 北京市

北京地理坐标为 39°28′~41°05′N、115°25′~117°35′E，位于华北平原的西北部，地处内蒙古高原与华北平原交接带，地形西北高，东南低，东北部、北部、西部三面环山。山区多属中高山地形，并有延庆盆地镶嵌于北部山区之中，东北、南边与松辽大平原和黄淮海平原相通。

对北京地区土地利用数据进行统计分析，得出表 4-8 的结果。可以看出：①10 年来该地区耕地面积减少 937.49km²；②居民点等建设用地面积大幅度增加，增加了 776.74 km²；③林地总面积增加了 121.06km²；④草地面积有所减少，减少 68.38km²；⑤坑塘水面面积有所扩大，增加了 114.23km²。上述结果表明，人口增长、均居住条件的改善、城市化的发展以及农业结构调整是本区土地利用变化的主要动因。

表 4-8　北京市土地利用分类面积统计表

土地类型	1995 年土地利用分类面积/km²	2000 年土地利用分类面积/km²	2005 年土地利用分类面积/km²	10 年间土地利用面积变化/km²	土地利用年变化率/%
耕地	5852.70	4511.77	4915.21	-937.49	-1.60
林地	7278.95	7761.89	7400.02	121.06	0.17
草地	1361.41	1279.97	1293.03	-68.38	-0.50
水域	399.60	590.05	513.84	114.23	2.86
城乡工矿居民地	1470.00	2201.31	2246.74	776.74	5.28
未利用土地	1.15	18.70	1.15	-0.01	-0.05

根据式（4-3）计算出北京地区土地利用 6 种类型的年变化率。结果说明，北京地区 10 年来土地利用变化速度很快，年均变化速度达 0.95%，其中以城乡居住建设用地和水域面积的变化速度最大，年变化率分别达 5.28% 和 2.86%；耕地由于总量较大，土地利用变化的部分所占比例较小，年变化率只有 1.6%。

根据式（4-4）计算了北京地区各区、县的土地利用相对变化率（表 4-9）。结果显示土地利用数量变化存在明显的区域差异，其中耕地的变化以市区、昌平区为最大，相对变化率达到 2.32% 和 1.47%，大兴区变化最小，仅 0.51%；林地的变化以通州区最大，房山区最小；草地变化大兴区最大，水域变化平谷区最大，密云县次之，门头沟区最小；城乡居住建设用地变化延庆县最大，高达 6.19%，市辖区变化幅度最小。表 4-9 中土地利用相对变化率大于 1 的区域类型，其土地利用变化幅度大于全区该类土地的变化，反之则小于全区该类土地的变化。

表 4-9　北京市分区各类土地利用相对变化率　（单位：%）

土地类型行政单位	耕地	林地	草地	水域	城乡工矿居民地	未利用土地
市辖区	2.32	0.14	0.75	0.65	1.74	0.02
密云县	0.89	0.12	0.62	2.58	3.82	0.19
怀柔区	0.53	0.01	0.04	0.16	3.99	
延庆县	0.87	0.29	0.46	0.53	6.19	0
昌平区	1.47	0.37	0.24	1.59	3.36	0
顺义区	0.64	0.02	0.41	3.17	2.45	0
平谷区	0.76	0.08	0.32	6.94	3.12	0
门头沟区	0.98	0.03	0.14	0.07	2.57	0.08
房山区	0.94	0.01	0.12	0.49	4.35	0.09
通州区	0.61	0.79	—	2.37	2.62	0
大兴区	0.51	0.10	5.53	0.17	3.43	0

b. 天津市

天津市作为我国北方重要经济中心和沿海特大开放城市，发展经济与保护耕地之间的矛盾更为突出。全市人均耕地仅有 0.75 亩，为全国人均耕地的 1/2。而耕地质量又受到水源条件的限制与盐碱的侵蚀，现仍有 60% 的耕地为中低产田。同时土地后备资源尤其是宜农荒地资源不足，不少地区对耕地的投入减少，重用轻养，导致的地力衰退严重，生态环境保护的矛盾较为突出。随着城乡经济建设的快速发展，耕地保护任务将更加艰巨（天津市国土资源和房屋管理局，2010）。

对天津市土地利用数据（表 4-10）进行统计分析表明：①10 年来该地区耕地面积减少 336.37 km²；②城乡工矿用地面积有所增加，增加面积 73.64 km²；③林地总面积增加了 11.37 km²；④草地和未利用地面积有所减少，分别减少 18.29 km²、8.13 km²。

表 4-10　天津市土地利用分类面积统计表

土地类型	1995 年土地利用分类面积/km²	2000 年土地利用分类面积/km²	2005 年土地利用分类面积/km²	10 年间土地利用面积变化/km²	土地利用年变化率/%
耕地	7333.56	6750.48	6997.19	-336.37	-4.59
林地	461.83	525.19	473.20	11.37	0.22
草地	245.05	324.58	226.76	-18.29	-7.46
水域	1743.45	1709.03	1894.80	151.35	8.68
城乡工矿用地	1742.02	2028.57	1815.66	73.64	4.23
未利用土地	93.67	157.75	85.54	-8.13	-8.68

近 10 余年来，天津市土地利用年均变化速度为 0.72%，其中以未利用土地和水域面积的变化速度最大，年变化率分别达 -0.86% 和 0.73%；耕地变化率为 -4.59%。与北京市相比，天津市土地利用总体年均变化速度和不同类型土地利用的变化速度均明显小于北京市。

从天津市分区各类土地利用相对变化率表（表 4-11）可以看出，十多年来，天津市耕地的变化以宁河县最为显著，是全市平均水平的 4 倍多，宝坻区、武清区耕地相对变化率较小，为 0.15% 和 0.27%；宁河县的林地的变化显著，在过去十多年有大幅度增加；城乡居住建设用地变化蓟县最大，是全市平均水平的 3 倍多，其他地区相对变化幅度不大。

表 4-11　天津市分区各类土地利用相对变化率　　　　　（单位:%）

土地类型行政单位	耕地	林地	草地	水域	城乡工矿居民地	未利用土地
市辖区	1.05	-0.74	0.07	1.09	1.49	-0.10
汉沽区	1.93	0.61	-0.01	2.81	-0.05	-0.01
大港区	-0.02	0.49	6.31	0.18	1.55	0.82
塘沽区	1.60	0.37	0.00	0.39	-0.43	0.03
武清区	0.27	-0.19	0.02	1.77	0.53	1.64
宝坻区	0.15	0.19	0.00	0.33	0.60	0.15
宁河县	4.06	22.08	-0.01	2.43	-2.22	1.91
静海县	0.63	-0.13	-0.02	1.94	1.59	-0.11
蓟县	0.59	0.06	0.92	-0.12	3.57	—

c. 河北省

河北省位于欧亚大陆东岸，地跨 36°03′~42°40′N，113°27′~119°50′E，总面积为 18.88 万 km²。作为农业大省，其农业发展历史悠久。新中国成立以来，农业现代化水平和产业化水平明显提高，粮食产量逐年增加。与此同时，人口迅速增长，工业化、城镇化水平进一步提高，非农业用地不断增加，使全省耕地面积持续减少，人多地少的矛盾日益尖锐。

对河北土地利用数据（表 4-12）进行统计分析表明：①10 年来该地区耕地面积减少 1979.3km²；相应地，居民点等建设用地面积大幅度增加，增加值为 2252.73 km²；②林地总面积、草地面积和坑塘水面面积均有不同程度的减少。

表 4-12　河北省土地利用分类面积统计表

土地类型	1995 年土地利用分类面积/km^2	2000 年土地利用分类面积/km^2	2005 年土地利用分类面积/km^2	10 年间土地利用面积变化/km^2	土地利用年变化率/%
耕地	99 048.82	90 013.63	97 069.52	-1 979.3	-0.19
林地	36 766.86	51 342.09	36 620.50	-146.36	-0.04
草地	34 093.77	25 897.32	33 588.77	-505	-0.14
水域	3 892.50	3 672.83	3 827.58	-64.92	-0.15
城乡工矿居民地	11 346.32	13 125.29	13 599.05	2 252.73	1.51
未利用土地	2 106.79	2 646.28	1 983.67	-123.12	-0.56

河北近 10 年来土地利用年均变化速度达 0.43%，远低于与北京、天津两市。其中以城乡居住建设用地面积的变化速度最大，年变化率为 1.51%；耕地由于总量较大，土地利用变化的部分所占比例较小，年变化率为 0.19%。

从河北各地区各类土地利用相对变化率表（表 4-13）可以看出，10 多年来，河北省耕地的变化幅度以沧州和邯郸最大，相对变化率为 2.08% 和 2.09%；张-承地区耕地的变化幅度最小，相对变化率为 0.03%。城乡居住建设用地变化幅度较大的地区分布在石家庄、沧州和邯郸一带。本区十多年来林、草地变化幅度十分显著，集中在廊坊、衡水和沧州一带。

表 4-13　河北省分区各类土地利用相对变化率　（单位：%）

土地类型行政单位	耕地	林地	草地	水域	城乡工矿居民地	未利用土地
石家庄	1.53	5.28	0.54	3.06	1.37	-0.92
唐山	-0.07	0.85	1.85	2.52	0.25	1.75
秦皇岛	-1.06	7.91	2.45	0.79	0.56	-0.57
邯郸	2.09	4.81	0.82	1.64	1.43	—
邢台	1.16	0.14	0.90	-0.71	1.18	—
保定	1.84	0.72	0.69	0.35	1.21	0.01
张家口	0.03	-0.09	1.01	0.83	0.23	0.67
承德	0.03	0.06	0.50	0.40	0.16	0.31
沧州	2.08	-53.59	22.66	0.96	1.50	4.61
廊坊	1.31	73.22	13.08	-1.93	1.08	—
衡水	1.16	55.18	0.07	0.12	0.82	—

B. 土地利用变化的空间格局

a. 北京市

对北京市 1995～2005 年的土地利用数据进行对比分析，得到 10 多年来各土地利用类型之间的转移矩阵见表 4-14。

表 4-14　北京市 1995～2005 年土地利用类型转移矩阵　（单位：km^2）

初始类型	变化类型					
	耕地	林地	草地	水域	城乡工矿居民地	未利用土地
耕地	4809.203	153.9252	25.7328	102.5244	768.4389	0.0018
林地	41.688	7176.068	44.2809	4.0815	23.0949	0.0873

续表

初始类型	变化类型					
	耕地	林地	草地	水域	城乡工矿居民地	未利用土地
草地	31.2759	63.8856	1222.439	29.9151	16.1685	0.0117
水域	10.7901	7.5375	0.9945	376.3116	4.4073	0
城乡工矿居民地	27.2673	5.1336	1.0629	1.5426	1436.747	0.0027
未利用土地	0.0189	0.0792	0.0081	0	0	1.0467

　　北京市在 1995～2005 年 10 余年内，土地利用变化类型面积最大的为耕地转化成城乡居住建设用地，其次是耕地转化为林地，包括果园、有林地、灌木林地等以及耕地转化为水域。第一种变化类型集中分布于大、中、小城市的边缘区以及原有的农村居民点附近。第二种变化类型集中分布于山丘与平原的交错地带，平原地区则呈离散分布，主要表现为耕地向林地、园地的转化（图 4-11）。

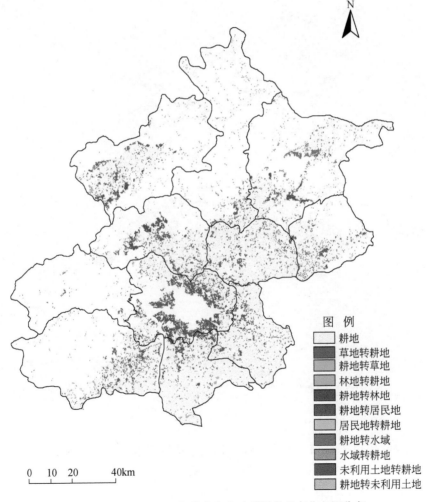

图 4-11　1995～2005 年北京市土地利用类型变化空间分布

    1990～1995年，不仅市中心扩张迅速，北京的边缘区（内缘区和外缘区）以及外围各县城市化发展也极为迅速，城镇建设用地沿着环线向外以"分散集团"模式扩张，占用大量耕地。1995～2000年，城镇建设用地增加幅度有所减小，增加的用地主要分布在城区与周围城镇及卫星城市之间，使这些分散的"边缘集团"与城区有连成一体的趋势（图4-12）。

图 例

▢ 1995年城区土地

▨ 1995～2000年扩张

▩ 2000～2005年扩张

0 10 20 40km

图4-12　1995～2005年北京市城镇用地扩张过程

    1995～2000年由于城市化水平还没有达到饱和状态，农村剩余劳动力进入城市，城市增加的就业岗位远远超过城市建成区人口的合理容量，为了疏散人口、中心市区的城市功能，减轻大城市过重的环境、人口负荷，缓解北京市城市膨胀的压力，北京市"分散集团式"的城市格局发展很快，农业用地在城市的东北部比例迅速下降，大量耕地转化成城乡居住建设用地，城镇建设用地仍以外部扩展为主，这与土地利用的数量变化分析结果有较好的一致性（图4-12）。2000~2005年城镇用地发展以填充为主。城市工业和科学技术的高速发展及城市生态环境容量的限制，加之在高度发达的城市交通的牵引作用下，中心城市逐步由中心沿着环线向相对分散的郊区发展，导致城镇用地向外扩张的随意性减小，不规则程度降低。1995~2005年城市建设用地经历了扩张与填充过程，2000~2005年耕地转化成城乡建设用地转化量日趋减小，城镇用地空间形态日趋稳定。

b. 天津市

天津市自20世纪90年代以来各土地利用类型之间的变化关系见表4-15。

表 4-15　天津市 1995~2005 年土地利用类型转移矩阵 （单位：km²）

初始类型	变化类型					
	耕地	林地	草地	水域	城乡工矿居民地	未利用土地
耕地	6944.217	4.599	2.4948	170.5851	107.0685	0.3492
林地	3.8439	458.7849	1.7919	0.7047	2.1285	0.0027
草地	4.122	1.2222	217.2087	8.2809	11.9628	0.0414
水域	33.2352	0.5823	2.2446	1687.703	7.8192	0.693
城乡工矿用地	43.0425	0.7578	1.3743	13.2183	1671.259	0.2628
未利用土地	0.2682	0.0117	0.0297	4.3857	2.9745	78.9237

天津市在1995~2005年，土地利用变化最大的类型为耕地转化成水域和城乡居住建设用地，其中10年来有107km²的耕地转化为城乡工矿用地，在1995~2000年，建设用地沿着建成区的边缘区向外扩张，主要分布于市辖区和北部的蓟县；在2000~2005年，市辖区内城镇建设用地增加幅度有所减小，而蓟县建设用地的增加依然十分迅速（图4-13，图4-14）。

天津市辖区经过多年来的发展建设，现已基本形成以京津塘高速公路和海河为主轴线，由中心城区及其外围八大工业组团和滨海新区构成的分散组团式城市空间格局。外环线以内的中心城区是天津市地域的行政中心和政治、文化、金融、商贸活动中心。近年来，随着土地有偿使用政策的实施和土地市场的逐步规范化，生产工艺落后、污染严重、效益低下的城市工业已基本迁移到中环线以外，用地功能分区逐渐强化，呈现出核心圈层式紧凑型的土地利用格局。由海河西侧与内环线南、西、北3段围合的市中心区聚集了大量商业、服务业和金融活动；由市中心向外扩展至中环线的区域属商、住、文教、办公和零星工业用地的混合区；中环线以外的城市土地则明显有工业和居住混合的特点，商业用地微乎其微，人口密度明显低于市中心。外环线以外围绕中心城区分散分布的八大工业组团和以港口为依托的滨海新区也都是天津城市的重要组成部分，随着城市经济的不断发展，与中心城区的人流、物流、信息流交换日渐频繁，交通联系也日趋紧密。

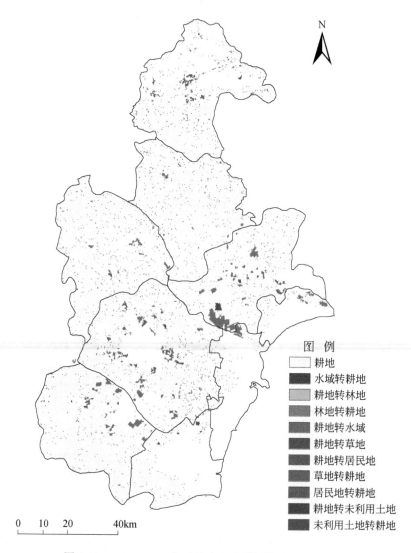

图 例

耕地
水域转耕地
耕地转林地
林地转耕地
耕地转水域
耕地转草地
耕地转居民地
草地转耕地
居民地转耕地
耕地转未利用土地
未利用土地转耕地

0　10　20　　40km

图 4-13　1995~2005 年天津市土地利用转移的空间格局

c. 河北省

河北省自 20 世纪 90 年代以来各土地利用类型之间的变化关系见表 4-16。十多年来，河北省城乡工矿用地占用耕地的面积最大，达到 2163.81 km^2，比其他土地利用类型之间的转换数量高一个数量级，未利用土地转换为城乡工矿用地的数量十分有限（47.44 km^2），因此城市发展与耕地保护之间的矛盾十分尖锐。

河北省各地区土地利用变化的空间格局差异显著，张家口、承德、唐山、秦皇岛、石家庄、保定、沧州、廊坊、邢台、邯郸和衡水 11 个地市土地利用变化的格局分别呈现不同的特色。

京津冀地区总体土地利用变化的空间格局如图 4-15 所示。

图 4-14 1995～2005 年天津市城镇用地扩张过程

表 4-16 河北省 1995～2005 年土地利用类型转移矩阵 （单位：km²）

初始类型	变化类型					
	耕地	林地	草地	水域	城乡工矿居民地	未利用土地
耕地	96 088.58	138.73	152.91	95.83	2 163.81	62.60
林地	171.17	36 174.35	181.96	4.64	16.07	0.82
草地	353.50	201.88	33 209.60	18.75	101.26	7.78
水域	115.80	6.80	13.46	3 687.39	27.67	5.29
城乡工矿居民地	85.05	1.46	3.49	1.65	11 234.42	0.81
未利用土地	127.54	0.91	12.35	1.08	47.44	1 899.48

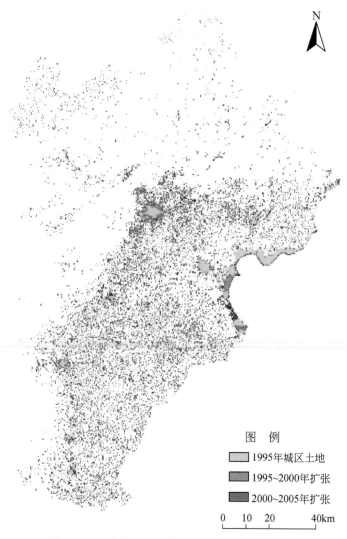

图 4-15　京津冀地区总体土地利用变化的空间格局

2. 京津冀土地资源开发利用演变的驱动机制

　　造成本区土地利用类型空间结构变化的原因是多方面的，有人口增长，工业、城镇、交通以及其他非农产业发展、土地政策、产业政策、农业政策、价格政策、农业结构调整、土地自然属性、自然灾害，以及土地开发、复垦、整理的潜力及其开发利用规模等。经统计分析，本区耕地减少、建设用地的扩张与人口的增加和经济的发展关系最为密切，特别是与非农业人口增长和第二、三产业产值的增加密切相关。因此，人口增长和社会经济发展是城市土地扩张的主要驱动因素。随着人口增长，人们的栖息地和其他用地都要相应增大，在一定程度上要占用部分耕地；改革开放以来，本区城市化水平逐年增加。由于城市化发展大都是以外延式城市化发展模式为主，造成大片土地，特别是大量良田的减少（刘纪远等，2009）。

分别从城市人口增长、国内生产总值和城市环境问题影响等角度，分区详细探讨在 1995 年以来转化幅度较大的土地利用类型的驱动力。

通过对京津冀城市用地（建城区土地面积）和 GDP（第二、三产业部分）曲线拟合发现，二者用对数曲线拟合效果最优，拟合方程为

$$y = a - b \times \ln(x + c) \tag{4-7}$$

式中，京津冀三地的城市用地与 GDP（第二、三产业部分）相关系数平方分别达到了 0.805、0.936 和 0.974（图 4-16、图 4-17、图 4-18）。

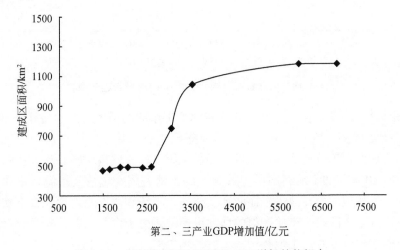

图 4-16　北京城市用地面积和 GDP 增长趋势拟合

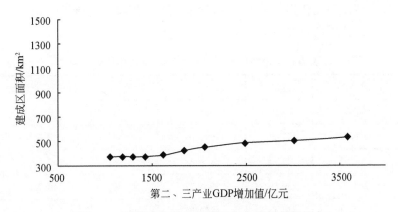

图 4-17　天津城市用地面积和 GDP 增长趋势拟合

结果表明，京津冀三地，城市用地与城市 GDP（第二、三产业部分）呈高度正相关关系。城市扩张与人口增长、制度、政策方针的变革、经济和科技发展紧密相关，而城市 GDP，尤其是第二、三产业部分，不仅是城市经济发展的主要指标，也是上述因子的综合反映，因此 ln（GDP）在多数情况下能较好地解释城市建成区土地的扩张。

从北京、天津以及河北省的石家庄、唐山、保定、廊坊、秦皇岛、沧州、张家口和承德 8 个省辖市地区（京津冀都市圈）1993 ~ 2003 年的 GDP 和产业结构的变化（表 4-17、

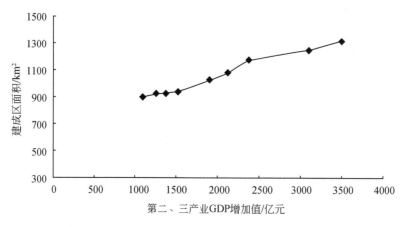

图 4-18　河北省城市用地面积和 GDP 增长趋势拟合

图 4-19、图 4-20），可以看出，10 年间，京津冀都市圈的国民经济发展处于工业化的中后期，GDP 呈持续增长，第一产业比重呈逐渐降低趋势，并且保持在一个很低水平；在第二、三产业比例中，第三产业的比例持续增加，第二产业比重有所回落。从同期（据国土资源部 1996～2004 年的土地利用调查数据）的土地利用变化情况来看，京津冀都市圈农田、水域和未利用地面积在减少，而园地、林地、草地和建设用地面积都有所增大。由此可看出，京津冀都市圈第一产业产值的增加更多的是由于生产过程中技术含量的提高以及副产品产值的增加所导致。土地利用一方面表现为第二、三产业对农田的大量侵占，另外也表现在第二、三产业在用地上的竞争。第一、二产业用地都有转化为第三产业用地的可能。而农用地向建设用地转移的同时，也迅速向环境用地转移。同时农用地内部也发生由耕地向效益高的园艺用地转移。

表 4-17　京津冀地区 1993～2003 年逐年产业结构

年份	第三产业/亿元	比重/%	第二产业/亿元	比重/%	第一产业/亿元	比重/%
1993	900.38	36.22	1283.17	51.61	302.52	12.17
1994	1326.92	37.26	1691.09	47.48	543.45	15.26
1995	1781.07	38.64	2118.38	45.96	709.49	15.39
1996	2203.27	39.93	2504.72	45.39	810.23	14.68
1997	2585.91	40.86	2880.97	45.52	862.31	13.62
1998	2946.75	42.58	3059.97	44.22	913.14	13.20
1999	3240.09	43.74	3300.73	44.56	867.24	11.71
2000	3682.30	44.57	3706.06	44.86	872.65	10.56
2001	4219.72	46.00	4039.30	44.03	914.30	9.97
2002	4687.93	46.55	4438.16	44.07	944.50	9.38
2003	5385.53	45.61	5406.42	45.79	1016.23	8.61

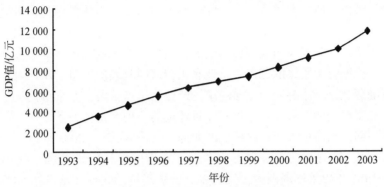

图 4-19　京津冀都市圈 1993 年以来的 GDP 变化曲线

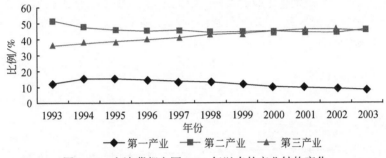

图 4-20　京津冀都市圈 1993 年以来的产业结构变化

北京市自 20 世纪 80 年代中期以来，一直以第三产业为主导（图 4-21）。1985 年以来，第一产业增幅不大，在国民经济中所占比重很小，且多年来略呈降低趋势；第二产业从 1985 ~2003 年增长近 6 倍，但第二产业的比重在 1985 年以来持续降低；第三产业发展迅速，从 1985 年的 85.65 亿元增加到 2003 年的 2255.6 亿元，增长约 26 倍，第三产业的比重也呈持续增长的趋势，且于 1994 年超出了第二产业的比重，成为北京市国民经济的主体。总体上，北京市处于工业化后期。

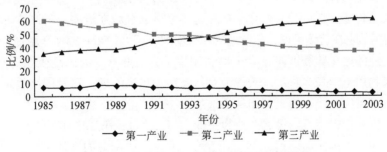

图 4-21　北京市 1985 年以来的产业结构变化

从北京市同期的土地利用变化（来源于 1985 年和 2000 年遥感影像解译资料）可以看出，北京市的农田面积在 1985 年以来减少了近 1300km^2，农田面积减少幅度较大，且多分布在北京的郊区和东南部平原，远离经济繁荣聚集度高的中心城区。可见在产业结构调整下，北京市的第一产业，特别是农业的发展已不作为重点。而第二、三产业用地要求相对较好的基础设施条件，所以在城乡结合地的耕地更容易转化为建设用地，耕地大量减少和第二、三产业用地增加成为北京市土地利用变化的鲜明特征。该阶段土地利用变化的驱动力，主要是由于第二、三产业用地增加引起的，表现为追求最大经济效益和环境安全效益之间的矛盾。在土地资源紧张的北京，土地利用转移同时表现为建设用地对未利用地的开发和占用；而随着北京以旅游业为主导的第三产业的迅速发展，北京市的林地比重呈逐年上升趋势，与北京地区的退耕还林政策，注重环境的保护有密切关系。

与北京市不同，天津市多年来以第二产业为主（图4-22），2003年第二产业产值占总产值的50.8%，而且增长也较快；2003年第二产业产值相对1985年翻了近10番；第二产业的比重虽在1985年以来逐渐减少，但一直是国民经济的主导，基本在50%以上。天津市的第三产业发展也较迅速，从1993~2003年产值增长了24倍多，至1999年，第三产业比重已达45%，仅比第二产业比重少5%；相比来讲，第一产业产值增加相对缓慢，但1985~2003年也增长了近6倍；第一产业比重持续降低，且一直在10%以下。总体上，天津市也处于工业化后期。

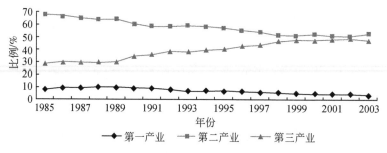

图4-22　天津市1985年以来的产业结构变化

从天津市的土地利用情况来看，天津的土地利用结构以农田占主导，2000年达到60.96%，林地和草地面积比例很小，分别占4.03%和2.54%。与北京相比，天津的农田比例大大多于北京，但相对的第一产业的产值和占总产值的比重却很小，因此提高天津市土地的生产率和作物种植结构值得考虑。1996~2004年，天津市土地利用变化表现为居民点和工矿用地对水域和农田及未利用地的占用，尤其是水域在近些年的减少非常显著。同时，新的未利用地也在持续出现，盐碱地的面积增加显著（1996~2004年增加了2727 hm²），说明天津市土地的退化比较严重，且土地利用率不高。此外，为满足生存对食物的要求，农户将大量未利用土地变为耕地，表现为对盐碱地大规模治理，以及围绕盐碱地改良所采取的工程和技术措施、排水沟渠等用地的增加等。

另外河北省8市也明显以第二产业为主导（图4-23），第二产业产值在1993~2003年增长迅猛，从565.9亿元增长到2849.27亿元；第三产业产值的增加也较快，1993~2003年增长了5倍之多；与北京市和天津市不同的是，河北省所辖8个市域的第一产业的比重较大，虽近些年有所降低，但一直维持在10%以上。2003年，河北省所辖8市域第一产业产值占总产值的14.6%，而同年天津市第一产业产值仅占总产值的3.66%，北京市只有2.61%，河北省尚处于工业化中期水平。

相应的，河北省8市的农田比重也最大，2004年农田面积占总面积近30%。河北作

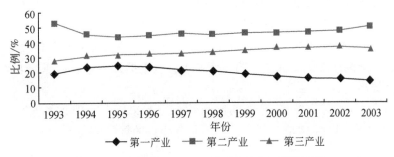

图 4-23　河北省 8 市 1993 年以来的产业结构变化

为资源基地，长期向北京提供大量的蔬菜粮食，这是河北省农田面积长期居高不下的原因之一。从土地利用变化情况来看，河北省土地利用变化不如北京和天津剧烈，第二、三产业与第一产业的竞争，使得收益低的第一产业用地向环境用地和建设用地转移，尤其是环境用地占用的农用地更多，这主要是出于营建北京绿色屏障的考虑。近年来，随着北京农田面积的大量减少，为保障北京的粮食供给，河北的农田面积有所回升，而第一产业产值也有大幅度增长。同时，河北省第二产业的发展不如北京市和天津市，其建设用地面积的扩大规模也较北京市和天津市小。

经济发展战略及产业政策可以迅速促进城市经济结构改变，使城区第三产业得以迅速发展，而第二产业逐步向外迁移至城市边缘区或者远郊地区，从而使城市边缘区的大量农业用地主要转化为工业用地。另外，往往由于政府的干预及对经济发展的较高预期，使经济发展战略及产业政策成为影响城市边缘区土地资源开发利用最重要的因素。

同时，每个城市发展规划的重点不同，城市的定位不同，地区发展的偏重也就不同。产业政策直接影响到地区产业结构的变化。北京以发展第三产业为主，特别是服务业。第二产业偏向电子信息、医药卫生等高、精、尖方向发展；天津以加工业制造业为主；而河北以原料工业、重化工业为主。各地为此制定了相应的政策，吸引措施，使之在该方向突出发展，进而导致产业结构发生变化，也势必带来土地利用数量与空间布局的相应变化。例如，对北京和天津来讲，第一产业不是城市发展的重点，因此农田面积下降较多，转化为非农业用地；而河北作为京津的资源基地，向京津提供各种农副产品，因此第一产业还占有相对大的比例，农田等要保证一定的面积，再如退耕还林政策的实施，提高绿化面积的目标的制定等，使得京津冀都市圈的林地、草地的面积都有所提高。因此说，产业政策及各地长期以来形成的经济结构对土地的利用方式有着决定性的作用。

另外经济和城市人口之间本身就有很强的相关性，经济的发展对城市人口增加有着巨大的推动作用。所以说，经济发展是北京城市用地扩张最重要、最根本的驱动因素。北京市经济的快速发展促进了城市人口的迅速增加，城市人口的增加导致了城市居民对住房、交通和公共设施等方面的需求加强，刺激城市对土地的需求。同时由于城市增加的就业岗位远远超过城市建成区人口的合理容量，致使城市不断地向郊区发展。

3. 京津冀地区土地资源需求分析

根据国家发改委关于京津冀都市圈区域规划研究报告，在产业结构方面，着重构建高新技术产业和先进制造业基地、现代服务业中心。第一、二、三产业增加值比例 2004 年为 8.38∶47.45∶44.17，2010 年调整到 6∶49.4∶44.6；2020 年调整到 4∶50∶46，高新技术产业占 GDP 的比重由 2004 年的 7.6% 提高到 2010 年的 10%，2020 年的 15.2%（表 4-18）；在工业中，逐步提高产业加工深度，第三产业中，着重提升服务业功能，生产性服务业比重有较大幅度提高。

因此根据表 4-18 中第二、三产业的比例结构以及 2020 年京津冀各地区经济水平的预测，2020 年京津冀各地区 GDP（第二、三产业合计）的规模见表 4-19。

表 4-18　京津冀都市圈"十一五"及 2020 年发展主要指标表

年份		2004 年	2010 年	2020 年
地区生产总值/亿元		14 096	24 972	59 118
在 GDP 中所占比重/%	第一产业	8.38	6	4
	第二产业	47.45	49.4	50
	其中：高新技术产业	7.6	10	15.2
	第三产业	44.17	44.6	46

注：2004 年高新技术产业数值根据高新技术产业占工业比重推算。

表 4-19　京津冀各地市 2020 年第二、三产业发展水平预测　（单位：亿元）

行政区	2020 年	
	经济水平	第二、三产业水平
北京	15 000	14 400
天津	16 800	16 128
石家庄	4 755	4 564.8
承德	763	732.48
张家口	979	939.84
秦皇岛	1 330	1 276.8
唐山	4 222	4 053.12
廊坊	1 931	1 853.76
保定	3 385	3 249.6
沧州	2 285	2 193.6
衡水	1 600	1 536
邢台	2 600	2 496
邯郸	4 100	3 936

根据建立的城市用地面积与经济发展水平（第二、三产业发展水平）的关系，我们将分别采用如下关系对 2020 年京津冀各地区城市用地规模进行预测。北京：$y = 594 \times \ln(x) - 3937.7$；天津：$y = 143.2 \times \ln(x) - 646.09$；河北：$y = 380.62 \times \ln(x) - 2162.5$。

预测结果见表 4-20。

表 4-20　京津冀各地市 2000 年城市用地现状及 2020 年城市用地需求情况预测　（单位：km²）

行政区	城市用地面积		
	2000 年现状*	2020 年预测	2000 ~ 2020 年需求
北京	1034.95	1749.84	714.89
天津	577.30	741.28	163.98
石家庄	307.76	1045.00	737.24
承德	59.81	348.59	288.78
张家口	123.59	443.46	319.87
秦皇岛	113.06	560.09	447.03
唐山	229.97	999.75	769.78
廊坊	137.50	702.00	564.50
保定	297.35	915.65	618.30
沧州	214.20	766.07	551.87
衡水	128.17	630.43	502.26
邢台	127.62	815.23	687.61
邯郸	185.36	988.59	803.23

* 表示 2000 年城市用地现状来源为 2000 年京津冀地区土地利用遥感监测结果中的城市居民地面积数据。

随着经济的发展，京津冀地区的城市化水平将不断提高，经济的增长将吸引更多的企业、人口的聚集，各项建设对土地的需求量也逐渐增大，建设用地面积必将逐年扩展。从预测结果看，京津冀地区城市用地在 2000 年的基础上 2020 年存在 7169.36 km² 的缺口，2020 年城市用地需求 714.89 km²；天津市 2020 年城市用地需求 163.98 km²；河北省 2020年城市用地需求 6290.49 km²。

从京津冀地区可期开发的土地面积来看，京津冀地区未利用地（包括荒草地、盐碱地、沼泽地、沙地、裸土地、裸岩石砾地、滩涂、滩地以及其他未利用地）由 1985 年的 18.9% 下降到 2000 年的 18.5%，下降了 0.4 个百分点。

北京 2000 年的未利用地面积为 1434 km²，占全市土地总面积的 8.75%。天津未利用地面积为 657.5 km²，占全市土地总面积的 5.65%。河北未利用地面积为 37 858 km²，占全省土地总面积的 20.1%。经济增长对土地的需求和土地供给的有限性，使得提高土地的利用率和合理规划土地使用成为必然。而且从土地利用程度来看，京津冀地区特别是北京，土地资源相对不足，河北的土地资源相对充足。因此，为保证经济持续增长，在整个京津冀地区内实现产业转移和分工势在必行。

4. 京津冀地区后备土地资源评价

1）耕地后备资源

根据国家政策，耕地总量保持动态平衡，采取"开源"、"节流"两条途径。耕地后备资源分为土地整理类和土地开发类。

（1）土地整理类后备资源。土地整理类后备资源主要来源于中低产田改造和田坎、晒谷场等田间闲置地块地归并。以河北省为例，2000 年河北省耕地中高、中、低产田比例相当，即中低产田约占耕地面积的 2/3。"十五"期间，河北省在稳定基本农田保护面积基础上，把耕地质量建设摆到重要位置，同时，各地还结合实际，大力实施旱作农业工程和中低产田改造，连续五年每年都将 4 万 hm² 中低产粮田改造成高产稳产的标准化粮田，使粮食单产和质量有了很大提高。按照该改造速度，京津冀都市圈区域内河北省 8 个地区现有中低产田总量约 150 万 hm²，北京、天津地区约为 5 万 hm²。通过适当的投入及科学管理，整个区域的粮食总产量将会有大幅度提高。在田坎、晒谷场等田间闲置地块地归并方面，如果京津冀都市圈区域的田坎和晒谷场按照 10% 的宜农开发率来看，全区耕地潜力将会增加 2 万 hm² 左右。

（2）土地开发类后备资源。可开垦类的耕地后备资源是指基本处于自然状态，至今尚未开发利用的宜耕土地资源，包括荒草地、盐碱地、沼泽地、沙地、裸土地、裸岩石砾地、滩涂、滩地以及其他未利用地。可复垦耕地后备资源是指由于人为和自然灾害而造成破坏废弃，通过采取工程或生物措施可恢复耕种并达到较好效益的土地资源，包括废弃压占破坏地、塌陷地、自然灾害损毁地。

确定耕地后备资源的宜农地面积思路为：因种种原因未能加以利用的未利用土地是重要的耕地后备资源。在分析各个地区的未利用地的组成结构基础上，选出其中具有开发潜力的耕地后备资源，主要包括荒草地、盐碱地、沼泽地、裸土地、滩涂、滩地等，如果按照垦殖系数 60% 来计算，可得到各个地区内耕地后备资源中的宜农耕地数量。

总体来看（表 4-21，表 4-22），京津冀地区土地后备资源类型多样，总面积 39 525.94 km² 占全区土地面积的 18.31%，数量较大。而未利用土地中的荒草地面积最大，约为 35 094.59 km²，占后备资源总量的 88.79%，其可开发率也最大，而荒草地在承德、张家口、保定分布最广，面积高达 25 356.74 km² 以上；其次为滩地，大约占到 5.82%，保定分布面积最大约为 433.53 km²；再者是沼泽地，面积约为 1140.91 km²，占后备资源总量的 2.89%，主要分布在张家口、承德、沧州地区。沙地占 1.77%，主要分布在唐山和承德，总面积占全区沙地面积的 82%。盐碱地面积占 0.42%，其中张家口盐碱地面积 96.99 km²，占 58%；裸土地占 0.09%，唐山裸土地面积高达 14.19 km²，占全区总裸土地面积的 41%，另外，滩涂占 0.17%，裸岩石砾地占 0.05%。

表 4-21　京津冀各地市后备土地资源结构组成　　　　　（单位：km²）

行政区	后备土地资源								
	荒草地	滩涂	滩地	沙地	盐碱湖	沼泽地	裸土地	裸岩石砾地	合计
北京	1 294.45	0	138.57	0	0	0	0.34	0.81	1 434.17
天津	225.14	33.16	314.19	0.19	62.52	21.00	1.33	0	657.53
石家庄	2 411.92	0	255.25	0	0	2.25	1.01	1.12	2 671.55
唐山	1 065.47	19.12	128.21	294.43	2.69	89.36	14.19	0	1 613.47
秦皇岛	1 694.79	7.77	188.80	98.21	1.53	0.10	0.52	0.90	1 992.62
邯郸	1 683.24	0	150.78	0	0	0	0	0	1 834.02
邢台	1 335.20	0	64.20	0	0	0	0	0	1 399.40
保定	5 101.56	0	433.53	3.56	0	0	7.58	9.60	5 555.83
张家口	9 723.33	0	202.46	21.66	96.99	734.40	2.95	3.06	10 784.85
承德	10 531.85	0	296.94	281.38	0	169.52	6.69	5.52	11 291.90

行政区	后备土地资源								
	荒草地	滩涂	滩地	沙地	盐碱湖	沼泽地	裸土地	裸岩石砾地	合计
沧州	1.97	6.18	54.47	0	3.11	124.27	0.10	0	190.10
廊坊	21.10	0	73.27	0	0	0	0	0	94.37
衡水	4.57	0	1.56	0	0	0	0	0	6.13
河北合计	33 575.01	33.08	1 849.45	699.24	104.31	1 119.91	33.04	20.21	37 434.25
全区合计	35 094.59	66.24	2 302.21	699.43	166.83	1 140.91	34.70	21.03	39 525.94
各后备土地资源所占比例/%	88.79	0.17	5.82	1.77	0.42	2.89	0.09	0.05	100.00

表 4-22　京津冀各地市后备土地资源分布状况

行政区	后备土地面积/km²	占市域面积比例/%	占全区后备土地资源比例/%
北京	1 434.17	8.75	3.63
天津	657.51	5.65	1.66
石家庄	2 671.55	1.42	6.76
唐山	1 613.48	0.86	4.08
秦皇岛	1 992.62	1.06	5.04
邯郸	1 834.02	0.98	4.64
邢台	1 399.40	0.74	3.54
保定	5 555.83	2.96	14.06
张家口	10 784.84	5.74	27.29
承德	11 291.90	6.01	28.57
沧州	190.10	0.10	0.48
廊坊	94.36	0.05	0.24
衡水	6.13	0.00	0.02
河北合计	37 434.23	19.92	94.71
全区合计	39 525.91	18.31	100.00

从土地后备资源的空间分布状况来看（表 4-22），在土地后备资源总量中，张家口、承德、保定土地后备资源相对充足，都在 5000km² 以上，在全区占有相当高的比例，分别占 27.29%、28.57%、14.06%。北京、天津虽然土地后备资源占全区的比例仅为 3.63% 和 1.66%，但土地后备资源占市域面积的比例分别为 8.75% 和 5.65%，在各地区中位居前列。另外衡水、廊坊地区行政面积基数最小，其土地后备资源在全区来说亦是最小，仅有 6.13km² 和 94.36km²。

表 4-21 所示的土地后备资源中，沙地、裸土地以及裸岩石砾地的宜农开发率非常小，故此排除在耕地后备资源之外，其余类型包括荒草地、滩涂、滩地、盐碱地、沼泽地都可以通过不同程度的开发作为耕地的后备资源。

从表 4-23 可以看出，京津冀全区可开垦耕地后备资源总量约为 38 770.78km²，主要集中在河北省，河北省可开垦耕地后备资源面积达到了 36 681.76km²，占全区的 94.61%，另外北京、天津可开垦耕地后备资源分别占了3.7%和1.69%。河北省各地区中承德、张家口、保定可开垦耕地后备资源量大，分别占全区的28.37%、27.75%和14.28%，而衡水、廊坊、沧州可开垦耕地后备资源量最少，仅占全区的0.02%、0.24%和0.49%。上述耕地后备资源由于受到自然环境、技术开发等条件以及生态保护等因素的限制，并非都能垦殖为耕地，如果垦殖系数以60%计算，可以得到各地市宜农耕地量见表4-24。全区总量约为23 262.47km²。

表4-23　京津冀各地市后备耕地资源分布状况

行政区	后备耕地面积/km²	占市域面积比例/%	占全区后备耕地资源比例/%
北京	1 433.02	8.75	3.70
天津	656.00	5.64	1.69
石家庄	2 669.42	1.42	6.89
唐山	1 304.86	0.69	3.37
秦皇岛	1 892.99	1.01	4.88
邯郸	1 834.02	0.98	4.73
邢台	1 399.40	0.74	3.61
保定	5 535.09	2.95	14.28
张家口	10 757.18	5.72	27.75
承德	10 998.31	5.85	28.37
沧州	190.00	0.10	0.49
廊坊	94.36	0.05	0.24
衡水	6.13	0.00	0.02
河北合计	36 681.76	19.52	94.61
全区合计	38 770.78	17.96	100.00

表4-24　京津冀各地市宜农耕地量　　　　　　　（单位：km²）

行政区	后备耕地面积
北京	859.81
天津	393.60
石家庄	1 601.65
唐山	782.92
秦皇岛	1 135.79
邯郸	1 100.41
邢台	839.64
保定	3 321.06
张家口	6 454.31
承德	6 598.99
沧州	114.00

续表

行政区	后备耕地面积
廊坊	56.62
衡水	3.68
河北合计	22 009.05
全区合计	23 262.47

从各地区耕地后备资源类型及空间分布看（图 4-24～图 4-36），北京耕地后备资源主要为荒草地，集中分布于西部的西山、军都山和北部的燕山山前平原地区；而天津耕地后备资源主要为滩地，集中分布于海河和潮白新河沿岸地带；河北耕地后备资源主要为荒草地、滩地和沼泽地，其中荒草地主要分布在西部的太行山东麓、北部的燕山南麓与坝上高原地区，其中承德、张家口全区分布比较集中而唐山、秦皇岛北部，邯郸、邢台、石家庄、保定西部分布也比较集中；滩地主要沿海河支流两岸分布，其中保定、天津滩地面积较大；而沼泽地的分布主要集中于张家口北部、承德西北部和沧州东部地区。

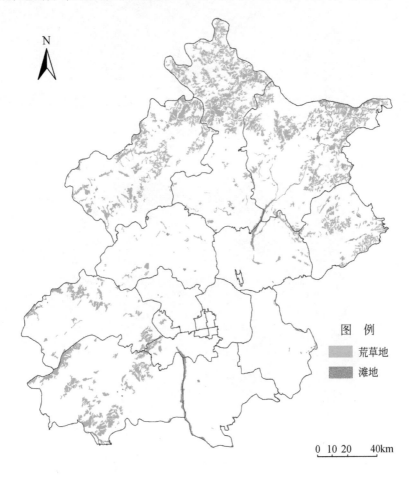

图 4-24   北京耕地后备资源空间分布图

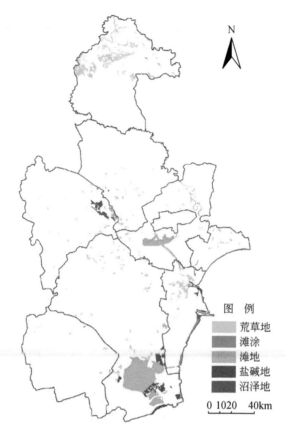

图4-25　天津耕地后备资源空间分布图

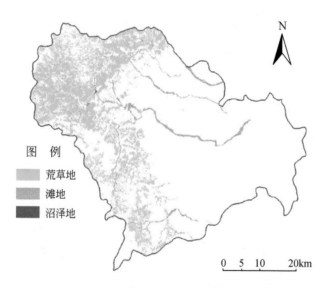

图4-26　石家庄耕地后备资源空间分布图

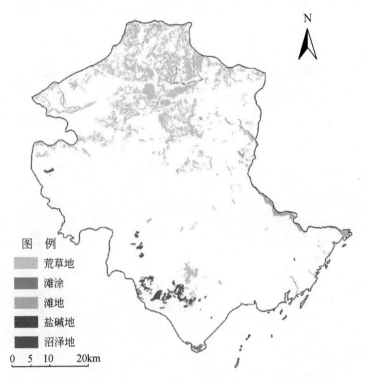

图 4-27　唐山耕地后备资源空间分布图

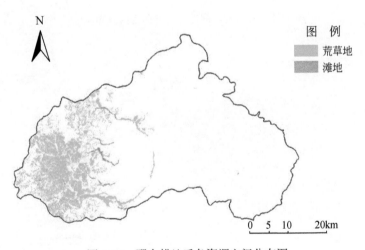

图 4-28　邢台耕地后备资源空间分布图

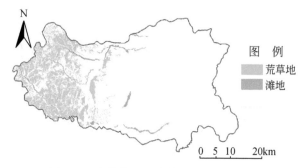

图 4-29　邯郸耕地后备资源空间分布图

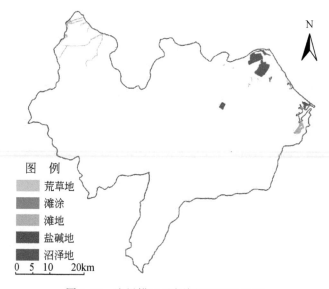

图 4-30　沧州耕地后备资源空间分布图

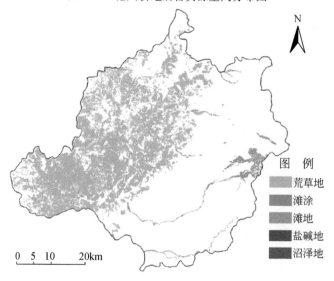

图 4-31　保定耕地后备资源空间分布图

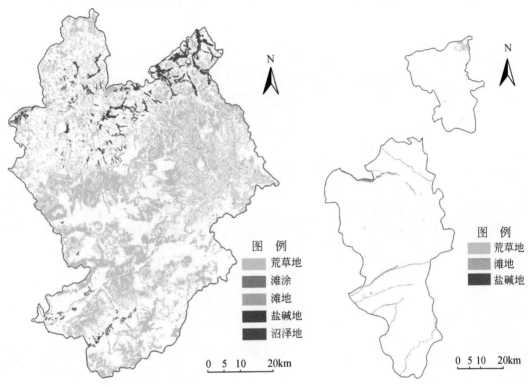

图 4-32 张家口耕地后备资源空间分布图   图 4-33 廊坊耕地后备资源空间分布图

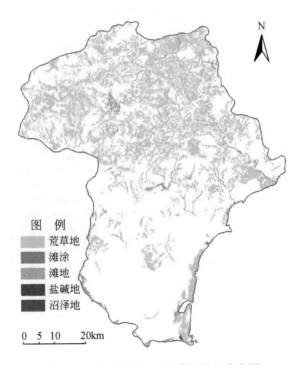

图 4-34 秦皇岛耕地后备资源空间分布图

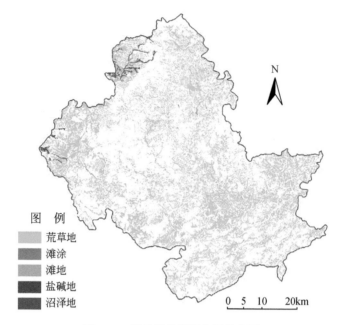

图例
荒草地
滩涂
滩地
盐碱地
沼泽地

0 5 10   20km

图 4-35　耕地后备资源空间分布图

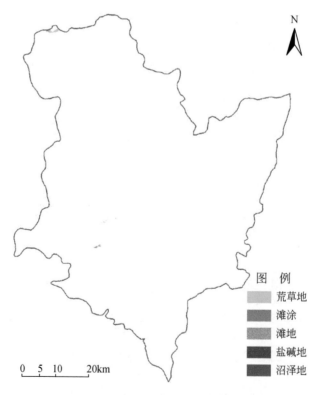

图例
荒草地
滩涂
滩地
盐碱地
沼泽地

0 5 10   20km

图 4-36　耕地后备资源空间分布图

2）城市用地利用潜力

京津冀地区土地利用结构复杂、区域差异显著，基于京津冀都市圈的自然地理条件、土地利用现状与潜力分析，结合京津冀各省（市）的生态功能区划和生态环境保护规划，可将京津冀土地利用划分为四个功能区，即坝上草原生态修复区、山地丘陵水源涵养区、城市密集与农田重点保护区和滨海滩涂产业发展区。京津冀地区长期以来土地利用规划同城市规划、行业规划没有很好地衔接，因而造成依法实施的土地利用"指标控制"和"用途管制"的措施未能落到实处。当前，京津冀都市圈土地利用决策尚处于条块隔离的行政分割阶段。土地利用总体规划分别按照省市辖区编制和实施管理，土地利用结构与布局的调整也主要服务于各省市区域的经济社会发展，因此出现比较严重的争土地指标、抢建设项目的现象，绿色空间建设更缺乏整体规划，不利于京津冀都市圈的全面、协调与可持续发展（张可云，2004）。

从城镇用地后备资源来看，京津冀各地区城市用地利用潜力空间差异显著，北京、天津、石家庄、承德、张家口、秦皇岛、唐山、保定、邢台和邯郸城市用地利用潜力比较充足，而廊坊、沧州、衡水城市用地利用潜力匮乏，因此在城市化过程中通过建设用地集约利用，挖掘城市用地的潜能是未来城市发展地必由之路。

因此，今后随着城市化进程，城镇建设用地的需求持续增长，京津冀地区必须从全局性、宏观性、战略性的高度，充分发挥京津冀都市圈土地利用规划对于统筹区域协调发展的先导作用，从京津冀区域自然条件与社会经济发展的差异出发，按照京津冀区域发展对土地资源配置及其发挥整体功能的战略需求，因地制宜地建立合理的土地利用区域分工体系，优化土地利用空间格局、强化区域特色和建设优美环境的重要前提，促进区域产业结构优化升级、保障城镇化健康发展。

目前我国正处于工业化初期阶段，随着工业化的不断推进，城市化也在稳步前进，城市化水平也在不断提高。城市轮廓的外延包含着城市用地规模的扩大和空间结构的变化，直接表现为城市化进程与工业、城镇及基础设施建设占用大量耕地相伴而生。耕地总量动态平衡，是指某地区某时期耕地减少量与土地开发、复垦与整理补充的新耕地在数量上保持平衡，从而确保现有耕地在数量上只能增加，不能减少。因此未来时期城市扩张占有的耕地只能从后备耕地资源中补充，后备耕地资源的数量直接关系到城市用地利用潜力。

根据经济发展水平预测的京津冀各地区城市用地需求，各地区以及现有后备耕地资源面积看：京津冀各地区城市用地达到预测的规模后，承德、张家口、保定后备耕地资源依然十分丰富，从数量上看，这三个地市的城市用地潜力巨大，然而承德、张家口、保定三市是京津冀地区生态防护体系重点建构的地区，其耕地转换潜力受到一定约束。廊坊、衡水、沧州三市城市用地达到预测的规模后，耕地后备资源严重匮乏，可见廊坊、衡水、沧州三市的城市用地潜力不大，城市化的发展，尤其是城市扩展侵占周边农田的现象必须严格控制；唐山市城市用地达到预测的规模后，后备耕地资源相对比较紧张，2020 年后后备耕地资源仅有 13.14 km^2，因此合理解决城市发展与侵占耕地的矛盾，是充分挖掘城市用地潜力的有效途径。北京、天津城市用地潜力相对比较充足，2020 年后后备耕地资源分别为 144.92 km^2、229.62 km^2（表 4-25）。

表 4-25　2020 年城市用地需求及后备耕地资源状况　　　　（单位：km²）

行政区	2020 年城市用地需求	后备耕地面积	2020 年后备耕地状况
北京	714.89	859.81	144.92
天津	163.98	393.6	229.62
石家庄	737.24	1601.65	864.41
承德	288.78	6598.99	6310.21
张家口	319.87	6454.31	6134.44
秦皇岛	447.03	1135.79	688.76
唐山	769.78	782.92	13.14
廊坊	564.5	56.62	-507.88
保定	618.3	3321.06	2702.76
沧州	551.87	114	-437.87
衡水	502.26	3.68	-498.58
邢台	687.61	839.64	152.03
邯郸	803.23	1100.41	297.18

从总体上看，京津冀各地区城市用地利用潜力空间差异显著，北京、大津、石家庄、承德、张家口、秦皇岛、唐山、保定、邢台、邯郸城市用地利用潜力比较充足，而廊坊、沧州、衡水城市用地利用潜力匮乏，因此在城市化过程中通过建设用地地集约利用，挖掘城市用地的潜能是未来城市发展地必由之路。

因此通过精心规划、科学实施、集约利用、适当垦殖以及提高土地生产力等措施，京津冀地区的土地资源基本能够满足"一要吃饭，二要建设"总目标的实现。

4.2.3　城镇发展适宜性评价与分区

1. 京津冀资源承载力综合分析

1）区域内态势分析

综合前述资源承载力的计算结果，可以看出京津冀地区具有水土资源承载力相对有限、水土资源承载空间组合不平衡，以及生态环境承载压力大的特点。就水资源与土地资源而言，对人口和产业布局均具有极大的影响，但对人口和产业的制约与影响度有所不同。土地资源具有区域不可调配性、土地报酬（收入）递减性等特性，提供人们赖以生存和城镇发展的基本空间，粮食生产对农田的需求和城镇化发展对建设用地的需求矛盾的协调，对资源承载力有着决定性影响。

水资源虽然是可再生性、可区域调配性的资源，但也在一定的区域和时段受到极大的制约。从水资源利用分析，2004 年全国农业、工业、生活用水结构为 68：21：11，京津冀地区为 69：16：14。从这一角度分析，水资源消耗的近 85% 用于产业的发展，故而水资源对产业发展的影响远远高于对人口发展的影响。水资源、土地资源区域丰度与产业、人口区域布局相关联进行分析表明，水资源丰富有利于产业规模的扩大，土地资源丰富则有利于人口的空间集聚。

综合考虑资源承载力和生态环境承载力的状况及空间组合，将京津冀地区划分为四类区域。

（1）基本无压力区。承德北部、秦皇岛地区。水资源与土地资源都基本没有压力，对人口、产业空间集聚的限制程度低，在注重生态环境约束的前提下，发展空间潜力较大。

（2）水资源、生态环境超载、土地资源无压力区。石家庄、保定、沧州等地。此类地区水资源压力较大，主要在于水资源系统运行不畅，水环境质量较差，但具有较为丰富的土地资源。在产业发展方向上，应避免布局耗水量大的重型企业，以轻型企业为主。同时，由于耕地利用潜力大，应加速农村剩余劳动力向城镇的转移和集中，迅速提高城镇化水平。

（3）水资源与生态环境基本持平、土地资源强压力。天津滨海新区、张家口山地丘陵区，降水较为丰沛，人均水资源量较高，但耕地分布较为星散，土地退化严重。本区域工业用水还有一定空间，工业规模可适度扩大，但是要注意地区的集中布局。对张－承的山地丘陵区，由于本区处于生态脆弱区域，农业人口比例较高，今后应进一步做好计划生育工作，控制人口规模。

（4）水土资源强超载、生态环境强压力区。北京、天津、河北南部地区。此类区域产业结构不同，导致水土资源紧张的原因各异，但控制人口规模、发展节水型工业是其共同的发展方向。应加速产业结构调整，强化资源型工业的改造与产业升级；在控制人口增长和机械迁入的同时，大力发展节水型工业和第三产业。

2）区际对比分析

（1）水资源利用效率。从用水效率来看，2004 年京津冀地区万元 GDP 用水量为124m³，不到全国的平均的 1/3，与同处海河流域的山西、河南，以及山东、广东等区域相比，用水效率处于领先水平；其中在京津冀内部，天津用水效率最高，万元 GDP 用水量为 74m³，北京次之，万元 GDP 用水量为 78m³（图 4-37）。

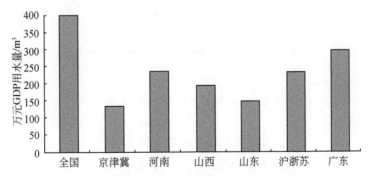

图 4-37　2004 年京津冀地区和全国及各省区万元 GDP 用水量

数据来源：水利部，2006

从万元工业增加值用水量来看，2004 年京津冀地区万元工业增加值用水量为 52m³，约为全国的平均水平的1/4，用水效率高于同处海河流域的山西、河南，以及广东等区域，但低于山东省。其中在京津冀内部，天津用水效率最高，万元工业增加值用水量仅为35m³，与山东省（36m³）相当，北京、河北的万元GDP用水量分别为59m³、62m³（图4-38）。

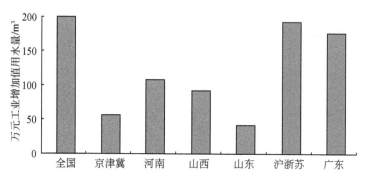

图4-38 2004年京津冀地区和全国及各省区万元工业增加值用水量

数据来源：水利部，2006

（2）土地资源利用效率。在土地资源利用效率方面，京津冀地区与山东基本上处于同一水平，而远低于长三角所在的沪浙苏三省和广东，单位建设用地面积产值约为广东的1/2（图4-39）。

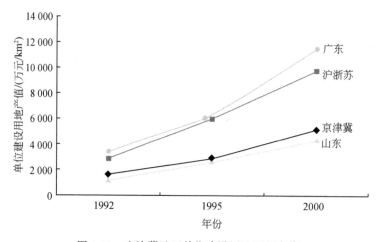

图4-39 京津冀地区单位建设用地面积产值

从单个省市的对比来看，在单位建设用地面积产值方面，北京与广东基本处于同一水平，而河北在对比的几个省市中处于较低水平（图4-40）。

（3）能源利用效率。我国处在计划经济向市场经济转轨的时期，人均GDP较低，能耗水平比较高。随着产业结构的调整和技术改进，单位GDP综合能耗变化的基本趋势是逐渐降低（图4-41）。京津冀地区能源利用效率的总体变化趋势与全国基本一致，但在京津冀地区内部能源利用效率存在一定的差别，北京综合能耗较低，2003年为1.4tce/万元

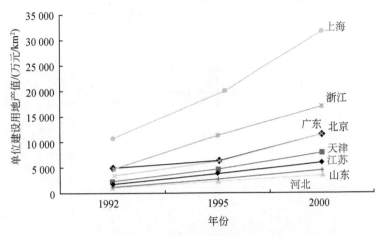

图 4-40 京津冀地区分省市单位建设用地面积产值

GDP，河北较高为 3.47tce/万元 GDP，同期全国平均为 2.7tce/万元 GDP。第二产业是能源消费的重点部门，2003 年北京第二产业能耗占全市能源消费的 55.6%，天津高达 65.3%。但随着工业生产万元能耗水平的降低，第三产业和生活用能的比重将会提高。当前能源消费的部门特点表明，提高能源利用率和节能的关键是工业技术改造，降低能耗。

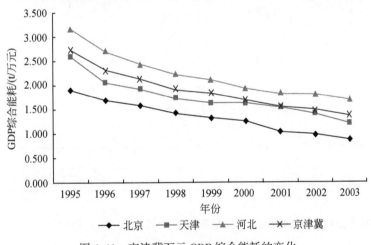

图 4-41 京津冀万元 GDP 综合能耗的变化
资料来源：国家发展和改革委员会地区经济司，2011

2. 京津冀资源城镇发展适宜性分区

在上述结果基础上，为了对城镇布局的适应性有一个定量、定位的评价，选择了自然背景要素、水土资源要素和区域发展基础（人口、交通）三方面的指标，每类指标包含若干具体的自然和人文要素。

1）初步评价

（1）自然背景要素。自然背景要素的指标及分级标准见表 4-26。

表 4-26　自然背景要素的指标及分级标准

评价因子	权重	不适宜	限制	适宜
高程	0.25	>4000m	2000～4000m	<2000m
坡度	0.07	>15°	5°～15°	<5°
地貌	0.36	极大起伏山地、沙丘、雪域高原	大起伏山地、喀斯特山地、梁峁丘陵、高丘陵、高台地、中台地、微高地、其他高原	中起伏山地、小起伏山地、中丘陵、低丘陵、喀斯特丘陵、低台地、起伏平原、倾斜平原、平坦平原、微洼地
积温（>0℃）	0.11	<500℃	500～1500℃	其他
湿润度	0.21	>-10	-49～-10	<-50

（2）水土资源要素。水土资源要素的指标及分级标准见表 4-27。

表 4-27　水土资源要素的指标及分级标准

评价因子	权重	不适宜	限制	适宜
降水量多年平均	0.22	<50mm	50～200mm	>200mm
河网密度	0.11	<10	10～100	>100
土地利用	0.67	沙地、戈壁、盐碱地、沼泽地、冰川和永久积雪、水体、滩涂	有林地、高覆盖草地	其他

（3）区域发展基础：人口、交通。人口、交通要素的指标及分级标准见表 4-28。

表 4-28　人口、交通要素的指标及分级标准

评价因子	权重	不适宜	限制	适宜
铁路	0.25	0	1～30	>31
公路	0.13	0	1～50	>51
人口密度	0.62	0	1～100	>101

最后，利用各指标的等级量值和权重系数，用如下模型进行评价

$$\text{index} = \sum_{i=1}^{n} W_i \times C_i \qquad (4-8)$$

式中，W 为指标量值；C 为对应指标的权重；i 为某子系统的指标数。利用以上模型分别计算各子系统的评价分级数值，之后以各个子系统指数值为基础，利用如下公式及权重生成评价结果数据：适宜性综合评价指标 = 0.53 × 区域发展基础指标 + 0.37 × 水土资源指标 + 0.10 × 自然背景指标。

2）基于生态环境限制性条件的修正

人口增长和经济发展必须严格控制在一定的生态环境容量之内，这是建设和谐社会，保持可持续发展的前提条件。这一点在国家和京津冀三省市的"十一五"规划中都有重要体现。为了凸显生态环境的限制作用，同时考虑数据的可获得性，选择了以下生态环境因

子，作为对上述初步评价的修正（表 4-29）。

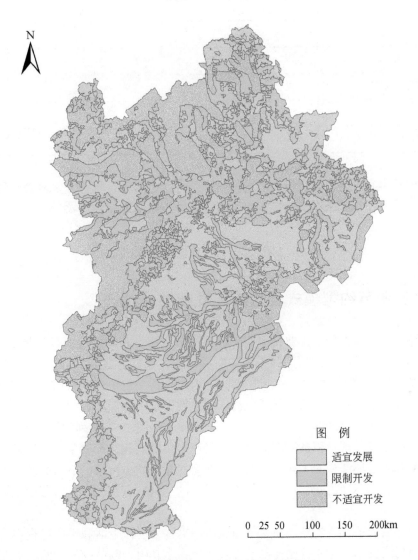

图例

☐ 适宜发展
☐ 限制开发
☐ 不适宜开发

0 25 50   100   150   200km

图 4-42　京津冀地区城市发展适应性分区

表 4-29　生态环境、灾害修正因子选择

类型	不适宜	限制	适宜
湿地保护区	√	—	—
河湖水体	√	—	—
地质灾害	滑坡、崩塌为主、泥石流为主	地裂缝为主、水土流失强烈、地面沉降、矿区塌陷为主	—
重点河流水污染防治区	—	√	—
水源涵养区	√	—	—

类型	不适宜	限制	适宜
水源地保护区	√	—	—
重点水土流失防治区	√	—	—
河口与海岸保护区	√	—	—
近海海域保护区	√	—	—
海岸防护林与河口湿地	√	—	—

在空间数据和 GIS 空间分析功能支持下，综合考虑多种自然、人文要素与城市发展适应性的相关关系，得到京津冀地区城市发展适应性分区结果（图4-42）。

4.3 资源节约型发展模式

4.3.1 资源节约型模式是京津冀发展的必然选择

京津冀地区总体上处于工业化中期阶段，十分突出。京津冀地区以不足 1.3% 的水资源、2.2% 的国土资源，生产了占全国3.5% 的粮食，聚集了全国7% 的人口，创造了占全国近11% 的国内生产总值。"十一五"期间是京津冀新一轮快速增长周期，随着工业规模的迅速扩大和工业的转型升级，必须正视区域发展面临的资源环境制，反思资源承载力超压、生态环境恶化、可持续发展后劲不足等逐渐暴露出来的一系列深层次的矛盾和问题，树立和落实科学发展观，积极实施低投入、高产出、低消耗、高效率、可循环、少排放的资源节约型和生态环保型的工业增长模式，降低能耗，减少污染，节约资源，促进社会经济与资源环境协调发展，实现以人为本的全面、协调、可持续的和谐发展（张可云，2004）。

节约型社会的定义应当是：在一定地域范同内，人们在生活和生产过程中，保护和合理开发利用物质资源，并通过循环再生方式实现物尽其用。以最少的资源消耗获得尽可能多的经济和社会效益，实现可持续发展的社会形态。节约型社会的核心内涵是：物质资源的节约。建设节约型社会的目标是：经济不断发展、资源得到节约使用、人与自然更加和谐、人民生活更加殷实。资源节约型发展模式首先是可持续框架下的发展模式，在资源环境约束下实行有效率地利用资源，最大限度地满足人类的需求。

改革开放以来，京津冀地区的发展取得了辉煌的成就，为国家的工业化、现代化建设作出了巨大贡献，为区域发展奠定了雄厚的物质基础。但由于历史因素的影响，京津冀地区工业的发展基本上是走了一条传统型工业发展的道路，付出了极大的资源和环境的代价。目前，京津冀地区的资源和环境形势日益严峻：一方面，水资源严重短缺，土地、矿产等资源储备不足，供给能力减弱，将使工业发展的行业、结构、数量受到致命的限制；另一方面，水环境、大气环境污染严重，生态环境恶化趋势尚未得到遏制，已经成为制约工业增长和区域经济发展的关键因素。

为缓解资源环境压力，世界上许多国家采取不同的发展模式，主要有三种类型。

（1）产业转移模式。一些发达国家凭借资本、技术优势，把资源消耗多、环境污染严重的产业转移到发展中国家和其他国家，把初级加工环节迁移到资源产地国，通过国际交换获得本国需要的资源型产品，满足自身需要。这种模式减少的是本国资源环境压力，牺牲的是他国的利益。

（2）资源来源国际化模式。一些资源缺乏的国家通过与资源生产国联合开采、参股控股资源生产企业、国际市场购买等方式，在国外开辟资源生产基地，主要依靠国际市场保障本国工业发展和经济增长的资源供给。

（3）集约增长模式。许多国家把技术进步、集约增长作为缓解资源环境压力的主要途径，它们通过法律、行政和经济手段，倡导新的生产方式和消费方式，鼓励节约资源、减少污染的新技术新产品的开发和使用，发展循环经济，尽量把生产和生活废弃物变成可再生资源，缓解人与自然环境的矛盾。

从我国的国情和区域的实际情况出发，京津冀发展总体战略不宜采用产业转移模式，实行资源来源国际化模式也比较困难。国际市场不可能长期持续给中国提供数量巨大的资源。因此，消费节省、生产集约的资源节约型发展模式是京津冀必然的战略选择。在立足国内、积极争取国际资源的基础上，主要依靠技术进步、集约增长来缓解资源环境压力。实行技术进步发展模式，必须加快经济增长方式的转变。在传统的粗放型发展模式下，在区域发展不平衡的同时，各地区之间工业结构同构化明显；京津冀，特别是河北经济结构不尽合理，呈现"偏重型"的资源依赖性的产业结构，原材料型工业比重过大，深加工产业不足；重点行业企业规模小，布局分散；产品结构存在档次低、链条短、品种少的问题；科技创新能力不足，创新资源优势未能得到充分发挥。走新型工业化道路，推进科技进步，发展循环经济，建设资源节约型、环境友好型社会，迫在眉睫，势在必行。

4.3.2　京津冀资源节约型发展模式探讨

1. 节约型发展模式的框架与原则

生产集约、消费节省是资源节约型发展模式的核心思路。京津冀地区资源节约型模式的构建，具体包含以下四个层次的内容。

1）减少资源依赖，构建节约型的增长模式

党的十六大提出"坚持以信息化带动工业化，以工业化促进信息化，走出一条科技含量高、经济效益好、资源消耗低、环境污染少、人力资源优势得到充分发挥的新型工业化路子"。京津冀地区构建节约型的增长方式要实现以下四个转变：①需求结构要由主要依靠投资和出口拉动增长向消费和投资、内需和外需共同拉动增长转变；②产业结构要实现由主要依靠工业带动增长向工业、服务业和农业共同带动增长转变；③要素资源投入要实现由主要依靠资金和自然资源支撑增长向更多地依靠人力资本和技术进步支撑转变；④资源利用方式要实现由"资源—产品—废弃物"的单向式直线过程向"资源—产品—废弃物—再生资源"的反馈式循环过程转变，使经济增长建立在经济结构优化、科技含量增加、质量效益提高的基础上，逐步形成"低投入、低消耗、低排放、高效率"的经济增长方式。

2）加快产业技术创新，构建节约型的产业结构

京津冀地区在巩固农业、壮大工业的同时，要把发展服务业放到更加突出的位置，提高第三产业在国民经济中的比重。大力发展高新技术产业，特别是要加快发展并做大做强信息产业；加快用高新技术和先进适用技术改造传统产业的步伐，促进传统产业升级；加快淘汰落后工艺、技术和设备；推进企业重组，提高产业集中度和规模效益；大力发展集约化农业；调整能源消费结构，提高优质能源比重；根据资源条件和环境承载力，确定不同区域的发展方向和功能定位，优化区域产业布局。为实现区域工业整体升级和减少资源依赖，应坚决淘汰高能耗、高污染的落后工艺、技术、设备和产品。

3）构建节约型的城市化模式

城市化发展必须充分考虑资源条件和环境承载能力，节约和集约利用土地、淡水、能源等重要资源。要严格建设用地规划管理，改进建筑结构，把城市建设用地的集约利用与改善城市环境相结合，合理配置绿化用地；大力发展节能建筑和城市集中供热；规划和建设节约型的综合交通运输体系，优先发展城市公共交通，提高交通运输系统效率；大力推进城市节水，充分利用各种可利用水资源；建立规范的再生资源回收利用体系。

4）加强生态环境保护力度，建立节约型的消费模式

构筑域生态安全体系，对生态敏感区应实行严格保护；对控制性保护区适度开发利用，保证环境质量不下降和生态功能不受损害。有效减少污染物排放，形成生态环境安全格局和实现生态环境良性循环。

要在全社会形成崇尚节俭、合理消费、适度消费的理念，用节约资源的消费理念引导消费方式的变革，逐步形成文明、节约的消费模式。从体制、政策、投入等方面支持资源节约新技术、新工艺的研发；鼓励企业加大资源节约和环保投入；完善节能、节水、节材技术服务体系；抓好工业节煤、节电、节油、节水和节材。

2. 节约型发展模式的建设内容与策略

1）建立资源节约型产业结构，优化产业空间布局

（1）优化产业结构。目前，京津冀地区优势工业产业分工明显，北京以资本技术产业为主导，天津以资本资源密集型产业为主导，河北以资源密集产业为主导。河北工业结构属于偏重型的资源依赖型，原材料工业数量多，现代制造业比重低，高技术产业发展滞后，能耗物耗水平高。

在京津冀的"十一五"规划中，要求在"十一五"期间，万元生产总值能耗、万元工业增加值用水量、二氧化硫排放总量减少到一定水平，完成这些约束性指标，需要全面努力，首要的是加快产业结构调整，构建节约型产业结构。

（2）优化产业空间布局。利用环渤海的地域优势，结合滨海新区战略规划，规划期间重点实施耗水工业布局的战略东移，加大海水替代力度，使天津东部地区发展成为一个以中心城区为依托，以发展重化工业和出口、加工替代型工业为主，高新技术蓬勃发展的全市最大的工业地区。工业产业的大体规划布局为：化学工业主要布局在沿海，充分利用海水资源。大港城区，建设以"大化工、大乙烯"为主的化工产业基地；汉沽建设以精细化工为主的海洋化工产业园区；电子工业以经济技术开发区、高新技术开发区和微电子工业园区为主；冶金工业目前已经布局在海河下游；汽车工业布局在西青、塘沽和临近都市核心区的九园工业区；医药工业布局在西青、塘沽；环保工业布局在西青、津南等。

2）构建节约型水资源开发利用体系

资源型缺水极为严重、供需矛盾突出、水资源开发利用超出承载能力、水生态环境恶化是京津冀地区目前最为严峻的问题。因此，构建节约型水资源开发利用体系是京津冀地区资源节约型社会建设的关键环节。目前，北京、天津水资源利用效率总体较高，但也存在不均衡的问题，主要表现在各地区、各行业的用水效率与节水情况存在很大差异，具体表现在三个方面：一是工业用水效率较高，而农业相对效率较低；二是城区用水效率较高，而郊区县用水效率相对要低；三是公共供水效率较低。

京津冀地区节约型水资源开发利用体系的构建思路体现在以下四个方面。

（1）供需协调，立足强化节水和非常规水挖潜。在区域水资源合理配置时坚持供需协调原则，其中供水在优化常规水资源配置格局同时，主要依赖于加大非常规水资源利用力度，具体包括污水处理回用、海水直接利用与淡化处理、雨洪水的利用、微咸水的利用等。需水管理方面包括经济结构调整、转变经济增长方式和大力节水，根据水资源承载力调整农业种植和养殖结构，调整工业产业布局，大力发展循环经济和集约经济，提高农业水利用系数，工业水重复利用率等。

（2）整体配置，实现多水源时空联合调配。京津冀地区水源相当复杂，其中当地水资源包括地表水和地下水，外调水包括引滦水、南水北调引江水和应急引黄水，非常规水资源包括再生水、海水、雨洪水和微咸水等，因此多水源的系统规划、统一配置与联合调度问题是直接关系到水资源宏观利用效率的关键问题，而京津冀地区目前也存在着多水源的分割管理和各自调配的现象，因此应当以区域水安全为目标，重点推进区域多水源的联合调配。在水资源利用过程中，不仅要实现当地水与外调水、地下水与地表水、常规水与非常规水之间的统一调配，在空间上利用现有的供水网络，结合工程措施，实现全区范围内水资源的联合调配，同时通过水权转换等方式，实现部门之间以及部门内部的统一科学调配。

（3）全面统筹，实行分部门分行业科学配水。坚持全面统筹，统一科学安排生活、生产和生态用水，根据用水户的性质，合理确定供水保证率和优先次序，实现分质供水、优水优用。外调水水源由于成本高，除了保证城镇居民生活外，主要供城镇工业和第三产业使用，城镇生态用水以当地地表水为主，辅以深度处理的再生水。农村生活主要用地下水，农业生产以当地地表水和地下水为主，并充分利用再生水资源。

南水北调工程生效之前，供水方面，通过水资源的时空调配实现对当地地表水和浅层地下水的挖潜，深层地下水开发利用不扩大现有开采规模，深度挖掘包括再生水、海水、微咸水等在内的各种非常规水资源的开源潜力，保留特殊情景引黄应急引水；需水方面，优化调整产业结构与布局，严格控制灌溉面积发展，实施全面深度的各业节水和需水管理，提高水资源利用效率；配水方面，优先保障生活和工业用水，提高农业关键用水保证率，适当兼顾生态环境用水，维持生态环境不继续恶化。

南水北调工程生效之后，水源上维持现状引滦规模，对于城市和工业所用的深层地下水全部利用地表水替代，缓解地下水超采带来的一系列环境问题，合理安排非常规水资源利用力度和配置对象，大力调整经济结构，加大节水力度，实施全面需水管理，配置上统筹城乡生活、第二、三产业，农业和生态用水，考虑分质分类配水，综合确定安全的供需平衡方案。

（4）治污为本，有重点地实施水生态系统修复。由于水资源的过度开发利用，京津冀地区水生态环境系统受损严重，水生态系统退化和水污染等问题非常突出。因此，应当充分利用南水北调工程外调水的契机，以节水型社会建设作为整合平台，统筹当地水与外调水、经济水与生态水、城市水与农村水、常规水和非常规水，根据京津冀城市发展定位以及人民生活水平提高对生态环境需求，采取清洁生产和末端排污控制相结合的方式，加大水污染防治力度，同时依据水资源承载能力，有重点有选择地实施水生态环境修复，主要包括地下水超采控制与恢复、重要湖泊湿地的保护与修复、城市河湖景观的维持等，实现用水强烈竞争下的人水和谐。具体调整措施主要包括：① 调整城市污水利用配置比例，考虑用水需求和实际可操作性，将处理后的城市再生水回用于农业和生态比例提高至90%，回用于城市的比例降低到10%；② 实施科学的生态需水目标管理，分阶段有重点确定生态保护重点和目标，2010 年重点保障七里海、团泊洼和北大港三个湖泊湿地，生态需水量为 3.23 亿 m^3，其余湿地湖泊实行“以丰补歉”，不专门进行人工补水，2020 年进一步考虑其他重要湖泊湿地和河道生态需水。

另外，京津冀，特别是天津、河北，地下水超采极为严重。应结合南水北调地下水压采规划，实施压采水源替代措施，同时加强地下水资源的管理体系建设，包括管理制度体系的健全和基础管理设施体系的完善等，逐步缓解区域地下水超采的局面。

3）推行清洁生产，建设生态产业，发展循环经济

充分借鉴发达国家的经验，尽快建立循环经济发展模式。循环经济实施的是“减量化、再使用、再循环”的原则，在发展经济的同时，尽量减少资源的消耗，同时通过科学技术的应用，把生产或生活中产生的废弃物作为新的生产环节的资源，尽量降低人类生产和生活对自然环境的破坏和影响，促进生态平衡，实现人与自然的和谐发展。要通过发展循环经济，严格控制资源需求和资源消耗。要倡导绿色生产和绿色消费理念，按照资源稀缺程度合理调整能源和资源性产品价格，全面降低全社会的资源消耗率和能耗水平，减少污染物排放，不断开辟新的资源利用领域，把资源总量和增长速度控制在合理的范围内。

要确立“主动保护”的思想，遵循“以人为本、环境优先”的原则，倡导人与自然和谐相处，实现自然资源系统和社会经济系统的良性循环。循环经济提高了资源利用效率，减少了废物排放。京津冀地区要积极制定资源循环再利用以及资源回收利用的政策，在资源开采环节大力提高资源综合开发利用率；资源消耗环节大力提高资源利用效率；废弃物产生环节大力开展资源综合利用、回收和循环利用各种废旧资源；在社会消费环节大力提倡绿色消费和政府绿色采购。大力发展生态工业、农业和服务业，逐步形成共生互动的生态产业。

大力开发废物资源化技术、清洁生产技术、生态产业链技术、环境工程技术等“绿色

技术"，逐步构建节约型产业结构和消费结构，完善循环经济体系。在京津冀地区积极推行清洁生产和环境管理体系认证，建设一批循环型企业和生态工业园区；创建再生资源回收及再生产业体系；从生产、消费、回收等环节以生态链为纽带统筹规划工业与农业、生产与消费；组建循环经济和清洁生产技术服务体系，推广传统产业清洁生产技术，引导企业实现节能、降耗、减污、增效，抓紧电镀、造纸、皮革、印染、化工等污染严重行业全面实施清洁生产。

第5章 区域城镇发展的重要生态环境问题

5.1 东北地区城镇发展与水和生态环境问题

东北是我国北方重要的工农业经济发展地区。经过半个世纪的建设，该地区已形成以钢铁、机械、石油、煤炭和化工为主导的工业体系和主要的商品粮、奶肉和林产品基地，GDP 总量占全国的 9.3%，粮食产量占全国的 17.8%，奶类生产占 24.5%，森林面积和蓄积量均占全国的 1/3（国家发展和改革委员会东北振兴司，2011）。但由于该地区的水文、气候和地理单元的空间分布差异大，下垫面的自然变化和人类活动影响明显。水与生态环境问题，特别是平原地区，十分突出，主要有六个方面的问题。

1. 水资源的合理配置和防洪问题

东北地区的水资源总量不少，但分布极不均衡。额尔古纳河、黑龙江、乌苏里江、绥芬河、图们江、鸭绿江等国际河流地区人少水多；而腹地的松花江、辽河及辽宁沿海诸河人多水少，许多地方地下水超采严重，社会经济用水挤占了生态系统的用水。目前东北大多数城市都面临着用水效率低、地下水超采、后续水源不足、水体污染严重等问题。在未来的工业化、城市化进程中，东北地区的城市人口将有一定的增长，城市需水量也将明显增加。因此，要对城市水务问题予以统筹考虑。水资源紧缺成为当前制约社会经济发展和破坏生态环境的一个重要因素。因此，在制定振兴和发展东北地区的规划时，必须研究水资源的合理配置，包括社会经济和生态用水的分配、社会经济内部的用水分配、从国际河流调水的可行性，以及相应的水利工程布局。

另外辽河和松花江都有防洪问题，需要进一步总结经验，以人与洪水和谐共处的指导思想，研究如何在现有防洪工程的基础上，建设防洪减灾的工作体系。

2. 湿地退化引发的生态环境问题

东北地区湿地在全球温带湿地生态系统中具有相当的典型性和代表性，发育有典型的淡水沼泽湿地和内陆盐沼湿地。其中，三江平原沼泽湿地是我国最大的淡水沼泽湿地之一，其生态功能极为重要，其中 4 个国家级湿地自然保护区中有 3 个（三江湿地、兴凯湖湿地和洪河湿地）被列入《国际重要湿地名录》。松嫩平原腹地发育有我国独特的内陆盐沼湿地（向海、莫莫格、查干湖、大布苏湖等湿地）和淡水沼泽湿地（扎龙湿地），其中，扎龙湿地、向海湿地和莫莫格湿地先后晋升为国家级自然保护区。1993 年，扎龙和向海湿地成为我国第一批进入《具有重要国际意义湿地名录》的七个湿地之一。辽河中下游平原以及辽东半岛的沿海平原也发育有大面积的湿地，如双台河口湿地等。

湿地在东北地区发挥了重要的生态环境功能：①涵养水源，调蓄洪水；②防止水土流失和净化水质；③调节区域气候；④维持生物多样性等。

但是，新中国成立以来，由于大规模农业开垦，大面积的湿地景观被农田景观替代，使得湿地面积锐减，湿地景观破碎化严重。例如，三江平原在新中国成立初期天然湿地面积约 534.5 万 hm²，占平原总面积的 80.2%。近几十年来，由于大量移民相继涌入该地区，本区人口增长了 5 倍以上。大规模的农业开发导致三江平原湿地面积由 1949 年的 534.5 万 hm²，减少到 1994 年的 148.2 万 hm²，到现阶段三江平原湿地大约丧失 80%。松嫩平原湿地也呈现明显萎缩态势，大面积的洪泛平原和内陆盐沼湿地被疏干用于发展农业和畜牧业。

大规模的湿地农业开发从整体上直接改变了区域生态系统的自然属性，自然湿地景观演变成人工农田景观，残留的自然湿地景观破碎化程度高，适合野生动植物生存的自然生境急剧缩小，致使野生动植物种群数量减少，越来越多的生物物种，特别是珍稀物种因失去生存空间而逐渐处于濒危或灭绝状态，区域生物多样性急剧下降。

另外流域湿地面积的减少还极大地削弱了湿地的水文和气候等环境调控功能，致使流域旱涝灾害增加，如嫩江流域 1998 年的大洪水。大规模的湿地农业开发导致流（区）域"自然水空间"大幅度萎缩，同时也消耗了大量的地表水和潜层地下水资源，而湿地涵养水源、补给区域地下水的功能又急剧下降。而且，由于缺乏科学的流域水资源规划，往往导致流域上、中、下游之间水资源的不合理利用，如流域上游兴修水利工程经常会导致中下游地区的季节性断流，"夹板化"河道防洪堤坝建设加速了河道径流排泄过程，都直接减少了下游沼泽湿地河道径流补给，同时东北平原地下水位明显下降影响了湿地水对地下水的补给，从而改变了湿地的水文情势，部分湿地出现旱化、草甸化，甚至沙化等现象。

目前，虽然在一些地方已不再继续开荒，但是湿地保护仍然面临严重的问题。突出问题有：①流域上游水利工程建设影响了中下游地区湿地水的状况，如上游水库、堤防工程阻断了湿地的水循环流路，深刻地改变了下游湿地水文状况，导致下游季节性断流；②河道治理和排水改变了湿地的水文状况的格局，湿地生境的多样化被破坏，各类野生生物的生境被大量压缩。

从当前国家粮食安全考虑，需要加强东北粮食生产基地建设。但是，近 50 年来，耕地不断扩大，所占用的主要是湿地、草地和林地。特别是近年来发展的水稻田，所占用的大多是湿地。因此，东北地区可持续发展必须面对粮食耕地与湿地生态保护的土地利用矛盾问题。

3. 黑土地的严重流失问题

东北黑土地主要分布在黑龙江中部和沿哈尔滨—长春—四平一线的狭长地带，总面积 700 多万公顷，是世界三大黑土带之一。近半个多世纪，东北黑土地开垦十分严重。根据调查和报道，目前东北黑土地地区 2/3 的耕地都有严重的水土流失，一般开垦 60~70 年的坡耕地，黑土层已经由原来的 60~70cm 厚减少到 30cm 左右；大约有 1/4 的耕地由于黑土层被侵蚀而露出黄土。松嫩平原黑土地的土壤侵蚀严重，黑土层逐年变薄，黑土退化；西部半干旱区土地沙化，丘陵区水土流失严重；许多地方的土地冻融侵蚀也很严重。需要研究适合东北地区特点的小流域水土保持治理和黑土地的保护方式。如何保护黑土地是东北地区生态环境建设的一个重要问题（孙继敏和刘东生，2001；党连文，2007）。

4. 松嫩平原西部"三化"问题

松嫩平原西部，约占东北大平原面积的1/3。本区晚更新世以来自然景观的演化形成的地质、地貌和土壤背景、现代气候以及人文景观等决定了本区是一个极其脆弱的生态敏感区和生态过渡带，极易受气候波动和人类活动的干扰发生生态失衡和退化。

松嫩平原西部人类活动对区域生态环境产生强烈影响始于20世纪30年代以来的农业开发。尤其是80年代初期，大规模的农业开垦改变了本区草甸草原、榆树疏林草原景观，部分天然草场过度放牧，草场植被破坏严重。80年代中期以来，尽管本区生态环境退化态势减缓，但区域"三化"——土地沙化、盐碱化和草场退化的态势仍在延续。该地区目前分布有总面积达200万 hm^2 的风沙土。由于开垦和不合理的利用，使许多原来有植被覆盖的风沙土变成了流动沙丘。一些调查显示，该地区的流沙有向大平原中部地区扩展的趋势。本区还有多达300万 hm^2 的盐碱化土地，盐渍化在迅速发展，近年来仅吉林省西部就有67万 hm^2 优质土地退化为盐碱荒漠，这一数字仍在以每年1.2%～1.4%的速度增加。该地区共有320万 hm^2 草场，已有80%以上的面积退化，成为我国草场退化最严重的地区之一（刘兴土，2003）。

5. 水污染与生态环境保护问题

东北平原第二松花江和辽河水污染问题十分严重，部分湿地水环境污染问题突出，如辽河流域是我国水污染最为严重的流域之一，松花江流域也存在着严重的饮用水源污染问题，其中浑河、太子河和第二松花江流域的水污染防治已经到了刻不容缓的地步。流域湿地水环境污染及富营养化主要表现为：中上游生产生活废水流入下游湿地，给湿地石油开采带来污染，农业面源污染诱发的湿地富营养化（扎龙湿地），湿地盐渍化加重（松嫩平原西部的盐沼湿地）等，这些直接导致湿地系统健康状况恶化，严重威胁到湿地的生态环境功能，已成为部分湿地退化的主导因素。

三江平原地区有河流100多条，根据20世纪90年代监测资料，水质污染日趋严重。如1992年挠力河宝清段水质类别是Ⅱ类，到2000年，该段水质已达到Ⅴ类。特别是近几年大面积发展水田后，农药、化肥用量的大幅度增加，导致水中高锰酸盐指数、氨态氮、挥发酚和总铁严重超标，湿地水质受到很大的破坏。辽河中下游水环境污染也已经导致流域下游湿地水环境的恶化。日趋严重的流域湿地水环境问题，对区域生态环境构成了严重的威胁（杜绍敏等，2008）。

6. 林业的发展方向和水土保持问题

东北林区对维护整个东北地区的生态平衡、保证社会经济的可持续发展，起着极为重要的作用。由于长期重采轻育，造成森林可采资源枯竭、林分质量下降、生态功能衰退、林区经济危困。如何尽快恢复森林资源、提高林地生产力、合理调整林区产业结构、更好地实施林业生态工程和森林可持续经营，都是亟待研究的问题。

水是东北平原地区生态环境系统最重要的因子，水在生态系统的形成、发展和演替过程中起着决定性作用。同时，水又是生态系统中最为敏感的因子，在自然条件或人为活动干扰下，其变化会引起其他环境要素的变化，从而影响到整个东北生态系统的稳定性，改变湿地生态群落的原有结构，最终导致生态系统的改变。因此，节约水资源、优化水资源配置，保护现有森林、湿地资源，进一步改善生态环境是未来城市发展的必由之路。

5.2　淮河流域城镇发展与水污染问题

淮河全长 1078km，跨河南、安徽、山东、江苏四省后注入洪泽湖，经调蓄后分支入海。淮河是我国南北气候带的分界，淮河流域所处的黄淮海平原是我国主要的人口积聚区、重要的粮食主产区、能源基地和交通通道，在国民经济和社会发展中占有重要地位。由于多种因素，淮河流域同时也是我国水污染最严重的地区之一。虽然淮河流域水污染防治工作取得了初步成效，但是距离国家计划治理目标和人民群众的要求仍有相当大的差距。

20 世纪最后 20 年，淮河流域水污染日益严重，污染事故频发，为全国各大水系之最。淮河水系符合Ⅰ类、Ⅱ类水质标准的河段仅占 17.6%，满足Ⅲ类水质标准的河段占 31.2%，水质标准为Ⅳ类、Ⅴ（含劣Ⅴ）类的河段占 51.2%。主要污染参数为氨氮、高锰酸盐指数。一些支流，如泉河、颖河、涡河、奎河、沭河等的水质多为劣Ⅴ类，这些劣Ⅴ类水域都已丧失使用功能。不仅流域昔日秀丽的景色而今面目全非，而且河流沿岸成千上万居民的饮用水不符合标准，更为严重的是，一些地区的癌症、肠胃病和疑难病发病率上升，人民基本生存条件受到威胁，对社会正常生活秩序造成不利影响（谭炳卿等，2005）。

从 1994 年开始我国加强了对淮河流域水污染的治理工作，十年来淮河水污染治理已经取得了阶段性的进展。1995～2003 年，淮河干流水质呈明显好转趋势，主要污染物浓度明显降低。2003 年与 1995 年相比，淮河水系Ⅱ类、Ⅲ类水质比例增加了 9 个百分点，Ⅴ类、劣Ⅴ类水质断面比例减少了 35 个百分点。1994～2003 年，淮河流域 35 个城市的国内生产总值增加了 135%，而主要污染物的排放量并没有相应增长。2003 年，淮河流域化学耗氧量（COD）入河量为 71.2 万 t，与 1994 年的 150 万 t 相比减少了 53%；淮河其他水质指标也基本满足Ⅲ类水质要求（谭炳卿等，2005；梁本凡，2006）。

由于沿淮四省经济仍在高速增长，人口持续增加，城市化进程加快，粗放型经济增长方式没有根本转变，污染治理市场机制不健全，环境基础设施建设滞后，资金投入不足等多种问题，区域"十五"水污染防治形势十分严峻，已取得的治污成果还很脆弱。主要有下列 3 个方面的问题。

1. 淮河生态系统超载、生态基流严重缺乏

该流域降雨时空分布不均，洪涝灾害频发，自然生态环境恶劣，环境容量十分有限。流域内水资源量占全国的 3.4%，而废水及主要水污染物化学耗氧量排放量分别占全国的 8.4% 和 7.8%。流域人口密度超过 600 人/km²，是全国平均人口密度的 4 倍多，居全国七

大江河之首。沿淮四省经济技术水平和产业层次都比较低，经济发展需求与有限的环境容量之间矛盾突出，根治淮河流域水污染不可能一蹴而就。

目前，淮河流域有大小水库 5700 多座（总库容约 260 亿 m^3），其中大型水库 36 座（总库容约 187 亿 m^3）。此外，还建有大小闸坝 5000 多个。淮河多年平均水资源总量约为 800 亿 m^3，总用水量为 530 亿 m^3，水资源开发利用率超过 60%。流域内过多的闸坝建设改变了水的时空分布，难以维持生态基流，水体自净能力减弱，汛期泄洪时，闸坝上积蓄的高浓度污水集中下泄，常常引发水污染事故。淮河沿岸农田灌溉多沿用传统方式，灌溉利用系数低。工业用水重复利用率不到 30%，利用效率低下，浪费严重（秦莉云，2001）。

2. 工业污染严重、城市生活污染与农业用水污染加剧

淮河流域重污染行业仍然居多，工业污染仍是淮河污染的主要原因。造纸、酿造、化工、制药、印染等几个行业的经济贡献率约占全流域的 1/3，而产生的化学耗氧量和氨氮则占到工业排放的 80% 和 92%，近八成的超标企业集中在这些行业。工业污染源不稳定达标或超标排放仍占工业企业总数的 1/3 左右，一些地方新建项目污染物总量增加势头很猛。如上游的河南省，2000 年年底造纸企业化学耗氧量年排放量仍高达 22 万 t，化学耗氧量排放量占工业化学耗氧量排放量的 62%，而年产值仅占全省工业总产值的 2.7%，利税也仅占工业利税总额的 2.8%（梁本凡，2006）。

过去河流通常能自净，但不是所有的污染物都可被生物降解。淮河流域中小城镇的城市化速度较快，生活污水排放量急剧上升。尽管淮河流域正在抓紧建设城市污水处理厂，但由于城市原有的环境基础设施薄弱，加上建设资金不足，配套管网与污水处理厂建设不同步等因素，城市生活污水污染并没有得到有效治理。

一方面，淮河流域是灾害频发地区，如遇干旱少雨、地表水不足时，农民为了增加粮食产量，往往以牺牲生态环境作为代价，掠夺性超采地下深层淡水，使地下水漏斗面积越来越大，地下水位下降；另一方面，在渠灌区仍存在大水漫灌现象，田间水利用系数低，造成水资源浪费。此外，滥用化肥、农药，导致水体富营养化，化肥、农药中包含各种化学成分，如磷酸盐、硝酸盐，其主要成分是氮、磷、钾、硫等一些物质，它们是植物生长发育所必需的养料，从农作物生长角度看它们是宝贵的肥料，但进入水体会造成水体富营养化，影响渔业生产和危害人体健康；此外，农业面源污染日趋突出，规模化的畜禽养殖污染，使流域的面源污染上升为影响流域水质的主要因素之一。

3. 治污的认识还不到位、体制机制尚未理顺、投入不足、水质达标率仍然较低

淮河流域总体上处于经济欠发达地区，"重经济发展，轻环境保护"的现象还很普遍，以资源浪费、环境污染为代价换取经济增长的生产方式尚未扭转。一些地方对治污工程不重视，对城市污水垃圾等基础设施建设不积极，即使建成后也难以保证正常运转，不能发挥其应有的效益。个别地区地方保护主义严重，对违法排污放任自流。

治水与治污没有形成协调一致的管理机制，对污染治理进展状况缺少有效监督和必要

的奖惩机制；大部分城市污水处理厂没有实行市场化运作，多元化投资机制尚未形成；没有建立统一的监测和信息发布机制。现有环境监管能力不适应淮河治污新形势的需要，普遍存在违法成本低、守法和执法成本高的问题。

淮河治污"九五"计划要求投入 166 亿元，实际投入约 110 亿元。"十五"计划要求投入 256 亿元，目前仅完成 83 亿元，其中中央财政约 20 亿元，地方财政约 60 亿元，企业投入污染治理资金约 113 亿元。淮河治污"十五"计划 256 亿元资金安排中，还有 173 亿元资金缺口。全流域 161 个污水处理建设项目中，仅完成 28 项，47 项在建，尚有 86 个城市污水处理项目未动工。治污设施建设滞后，尤其是城镇污水处理厂建设缓慢，管网严重不配套（汪斌和程绪水，2001）。

据监测，2003 年全流域化学耗氧量入河量为 712 万 t，与"十五"计划目标相比尚有24.6 万 t 需进一步削减。按高锰酸盐指数评价，2003 年淮河流域 110 个控制断面中未达规划目标的断面比例为 30%，河南、安徽、山东和江苏未达标断面比例分别为 31%、19%、45% 和 25%，未达标断面主要分布在河南流向安徽的涡河、惠济河、洪河、汝河，江苏流向安徽的奎濉河和山东省的南四湖流域。2004 年枯水期未达标断面比例为 35%（王东，2009）。

5.3　农牧交错带城镇发展与生态环境问题

农牧交错带是我国传统农业区与畜牧业区相互交汇和逐渐过渡的地带，是一个非常独特的产业界面，其地理分布贯穿我国的东北—华北—西南，处在我国人口、生态环境和区域经济等的一个重要分界线上。农牧交错带的以东和以南，是我国人口分布最多、农业生产（种植业）和社会经济最发达的区域；农牧交错带的以西和以北则集中了我国大部分的少数民族，生产、生活方式以畜牧业为突出特征。在自然条件上，农牧交错带以东以南是湿润、半湿润地区，地势相对平坦，海拔较低，环境条件比较优越；而其以西以北则分布着我国主要的沙漠、高原和山地，地形复杂，生态环境非常脆弱。因此，农牧交错带既是我国生态环境的一条过渡带，又是我国生态安全的重要屏障带。

赵松乔先生最早提出了"农牧交错带"的问题，将其定义为集约农业地带向游牧区的过渡带，并以年降水量 400mm 为重要指标划定其地理范围，具体范围自内蒙古高原东南缘起，经辽西、冀北、晋陕北部和宁夏中部，在甘青交界处转而南北走向，至川西和滇西北，包括南、北两段。另有很多学者，如周立三等，以干燥度和降雨量为标准，界定农牧交错带大致处于干燥度为 1.5 ~ 3.49 的半干旱区，亦即年降水量 250 ~ 500mm 两条等雨量线之间的区域，其范围大致包括内蒙古高原东南边缘和黄土高原北部，主要分布于内蒙古、辽宁、吉林、河北、陕西、山西、宁夏等几个省内，基本上与前述农牧交错带的北段相一致（赵松乔，1953；1991；周立三等，1958）。

北方农牧交错带的生态环境具有如下重要特征：①气候特征：大致沿 400mm 降水等值线两侧分布，其北侧和西侧降水量为 300 ~ 400mm，南侧和东侧降水在 400 ~ 450mm。降水主要集中于 6 ~ 8 月，占全年降水量的 60% ~ 70%，1 ~ 3 月降水量不足全年降水量的10%；年际间降水变化很大，年蒸发量 1600 ~ 2500mm。由于南北跨越 10 多个纬度，区内温度和生长季长短差异很大。如东段科尔沁沙地年均温 3 ~ 7℃，≥10℃ 年积温为 2200 ~ 3200℃，无霜期 100 ~ 140 天；中段的河北坝上地区，虽纬度较低（40°N 左右），但由于海拔较高，年均温仅为 0 ~ 1℃，≥10℃ 年积温只有 1400 ~ 1800℃，无霜期 100 ~ 120 天；西段毛乌素沙地年均温 6.0 ~ 9.0℃，≥10℃ 年积温为 2500 ~ 3500℃，无霜期 130 ~ 160 天。本区年均风速 3.0 ~ 3.8m/s，全年 ≥5 m/s 起沙风日数约 30 ~ 100 天，≥8 级大风日数 20 ~ 80 天。风季主要发生于每年的 3 ~ 6 月，由于地表裸露、表土干燥疏松，是风蚀沙化最易发生的时期；②地貌特征：地貌类型差异很大，最北端为呼伦贝尔高原，海拔 650 ~ 750m，向南至科尔沁沙地，为东北平原与内蒙古高原的过渡地带，海拔 200 ~ 700 m，向西至河北坝上为内蒙古高原的南缘，海拔 1300 ~ 1800 m；西部毛乌素沙地地处鄂尔多斯高原，海拔 1400 ~ 1500 m；③土壤类型：按地表物质组成大致分为两个类型区，即风沙土区和黄土区。其中呼伦贝尔、科尔沁、浑善达克、毛乌素等沙地多为风沙土覆盖，其土壤贫瘠、含沙量高，松散易流动。其余主要为黄土覆盖，其结构疏松、孔隙裂隙多、垂直节理发育、地形破碎、沟壑纵横。另外，还有零星棕钙土和栗钙土分布；④植被特征：地处森林与草原的过渡地带，原生植被为疏林草原；但由于人为强烈干扰，大部分地区植被退化严重，多已被次生的沙生植被所代替（苏志珠等，2003；朱震达等，1984）。

北方农牧交错带因其独特的地理位置、综合自然地理环境特征和人口与社会经济发展历史等因素而决定了其突出的和独特的区域生态环境问题，其中，与城镇发展密切相关的生态环境问题有：人类居住环境、水土流失、山地灾害、环境保护等。

1. 人类居住环境对城镇发展的影响

人类居住环境，顾名思义是人类聚居生活的地方，是与人类生存活动密切相关的空间，它是人类在大自然中赖以生存的基地，是人类利用自然、改造自然的主要场所。人类居住环境是自然环境、生态环境、生活环境等的综合。在农牧交错带，历代的战乱、森林砍伐与开垦、草原过度放牧等原因使得其自然植被长期以来累遭破坏；而"弃耕制"、"休耕制"等农业种植方式和逐水草而居的"游牧制"则是目前草原破坏的主要原因。天然植被面积的逐渐减少和质量的日益退化加剧了风沙危害的程度，农牧交错带的西北面是我国沙漠集中分布的地带，有巴丹吉林沙漠、腾格里沙漠、库布齐沙漠、毛乌素沙漠、浑善达克沙地、科尔沁沙地等。冬春季节，西北气流所致的流沙不断向东南方向推进，覆盖草原、淹没农田、阻塞交通，对农村和城镇构成巨大的威胁。总的来说，农牧交错区的东部和南部植被、土壤、气候、水资源等自然因子的质量优于其西部和北部，比较适合于人口分布和社会经济发展，这种人类居住环境由东南向西北逐渐恶化的特征和趋势对农牧交错带城镇的布局和发展而言具有决定性的影响作用。城镇规划与布局宜于远离风沙危害比较严重的区域，大力进行水土保持和植被恢复工程，抵御风沙的危害，从而改善区域人居环境的质量，只有这样才能促进城镇和农村居民点的进一步发展。

2. 水土流失对城镇发展的影响

农牧交错区是我国风力侵蚀和水力侵蚀交错分布的区域，水土流失极为严重，是城镇分布和发展的重要影响因素。农牧交错带东南面向海洋，夏秋季节东南沿海吹向内地的湿润空气经过平原地区可直达农牧交错带，并形成降雨，由于滥垦和过牧等原因而致的地表植被破坏造成和加剧了水土流失的程度，特别是黄土高原地区，其水土流失尤为严重，我国外流河每年从大陆带走的 26 亿 t 泥沙中，仅黄河带走的就高达 16 亿 t，而农牧交错区是黄河泥沙的主要来源区。近年来，草地严重退化、风沙日益严重，沙进草退及农田沙化等也是水土流失的重要体现。总的来说，逐渐加剧的水土流失问题导致草地载畜量和农田生产力水平的日益降低，成为城镇分布和发展的重要限制性因素。改善和提高植被覆盖状况，减少水土流失，这将是促进城镇进一步发展必不可少的条件（王静爱，1999；赵哈林等，2002）。

3. 山地灾害对城镇发展的影响

农牧交错带主要地貌单元为内蒙古高原东南边缘带、冀北山地、阴山、晋北和陕北黄土高原、鄂尔多斯高原等几部分，基本上处在我国地貌的第二级台阶过渡的边缘带上。特殊的地貌格局和气候条件决定了本区生态地质环境的脆弱性。按地表物质可以把农牧交错带分为两个类型区，即黄土覆盖区和沙质覆盖区。黄土高原是典型的黄土覆盖区，其面积之广，厚度之大，对自然环境影响之深均为世界罕见。黄土结构疏松，孔隙裂隙多，垂直节理发育，富含可溶性物质，容易受风、水侵蚀，致使地表结构极不稳定。由于严重的土壤侵蚀和水土流失，黄土高原地形破碎，沟壑纵横，山体滑坡和泥石流等比较严重，是我国山地灾害比较频繁和严重的地区。山地灾害的易发性限制了城镇的分布和发展，使得农牧交错带的城镇主要分布在平坦的高原面或者低平的河流谷地区域。因此，有待于通过植被保护与恢复以及水土流失治理等工程和措施来降低各种山地灾害对城镇等居民点分布的威胁，从而促进城镇的快速发展。

4. 环境保护对城镇发展的影响

通过加强环境保护而创造良好的环境，这也是改善人类居住环境的一个重要方面。农牧交错带不仅自然地理环境条件比较恶劣，而且由于强烈的人类活动，特别是工矿业和重工业的发展，造成了严重的环境污染问题。农牧交错区属于内陆干旱、半干旱地区，人水矛盾（水资源总量少、时空分布不均衡）是一切问题的核心；而且随着工业的发展和城市人口猛增，大部分城市工业废水和生活污水未经处理而排入水体，造成严重的水污染，因此城市水资源质量问题较为突出。另外，农牧交错带很多城市属于资源型城市，工业结构以重化工为主，能源、原材料的消耗量大，对城市环境的污染严重；能源结构以煤炭为主，所以城市大气污染以煤烟型为主，或以煤烟型为主的复合型污染；主要污染物有 TSP、SO_2、NO_x、CO、CH 等，总观污染程度有加重趋向；近些年来，随着经济快速发展，城市汽车流量增加过快，少数特大城市或超大城市为汽车尾气污染十分严重，NO_x 成为首要污染物；而且，随着乡镇企业的迅猛发展，环境污染逐渐由城市向农村蔓延。因此，农牧交错带地区的环境保护刻不容缓，亟待加强广大城乡地区环境保护的力度，突出重点，搞好工业污染防治，有效遏制大气污染、水污染、土壤污染等的进一步加剧。环境保护目标对城镇发展有着严格的限制。例如，强化对矿业城市数量和规模的控制、改善和调整城镇产业结构、降低城市内部重污染行业的数量和比重、优化城镇布局从而降低污染物的危害程度、合理发展乡镇企业以控制污染向乡村的蔓延等。

5.4 黄土高原城镇发展与土壤侵蚀问题

黄土高原地处我国季风区向非季风区过渡地带，是世界上最大的黄土分布地区。它西起青海日月山，东至太行山，南靠秦岭，北抵鄂尔多斯高原，海拔 1000m ~ 2000m，东西长约 1300km，南北宽约 800km。其地貌主要由黄土塬、梁、峁、沟组成。其特性表现为：土层深厚、质地疏松、地形破碎、植被稀少、暴雨频繁、水土流失严重，是黄河泥沙的主要来源区。黄土高原具有典型的大陆季风气候特征，冬季寒冷干燥，夏季温暖湿润，雨热同步。年均气温在 6 ~ 14℃，大部分地区 ≥10℃ 积温为 3000 ~ 4300℃，无霜期 130 ~ 220 天；年降水量大部分地区为 400 ~ 600mm，从东南向西北逐渐递减。黄土高原主要属于黄河水系，主要支流包括无定河、渭河、汾河和洛河，受气候特征影响，水资源具有我国北方河流水资源的地区分布不均，年内、年际变化大的特点，还兼有水少、沙多、连续枯水段长等重要特征。黄土高原的土壤侵蚀可分为水力侵蚀、重力侵蚀和风力侵蚀，其中以水力侵蚀为主。水力侵蚀有面蚀和沟蚀，其外动力为降雨和由降雨形成河水的冲刷，侵蚀作用的关键部位一是坡耕地，二是荒地，三是沟壑。据观测，坡耕地每年每公顷流失水量 450 ~ 900m³，流失土壤 75 ~ 150 t，荒地每年每公顷流失水量 300 ~ 600m³，流失土壤 60 ~ 90t。坡面流失的水汇集沟中，又加剧了沟蚀。据中国科学院黄土高原综合科学考察队遥感调查结果，黄土高原地区水土流失面积 34 万 km²，多年平均侵蚀量为 16 亿 t，其中土壤侵蚀强度大于 1000 t/ km² 的面积约 292 万 km²，大于 5000 t/ km² 的面积约 166 万 km²；另据统计，1949 ~ 1986 年，黄土高原年平均侵蚀达 16.3 亿 t，其中因人类活动增加的侵蚀量为 25%，自然侵蚀占 75%。黄土高原跨越不同的气候带，水热条件、下垫面性质及地表覆盖、结构等侵蚀环境存在明显的地带性规律，因此其土壤侵蚀形式在空间上的分布呈明显的地带性规律，从北向南分为：干旱荒漠草原风力侵蚀类型区、半干旱草原风力 – 水力侵蚀类型区以及半湿润森林草原水力 – 重力侵蚀类型区。大量研究成果表明，黄土高原严重的水土流失是自然因素与人为因素共同作用的结果。目前，黄土高原坡陡沟深、土质疏松、植被缺乏、暴雨集中，这 4 项自然因素的存在有利于水土流失的产生和发展，但是黄土高原从自然侵蚀发展为加速侵蚀，主要是近 3000 年来人类经济活动破坏了林草植被造成的。在诸多的人类经济活动中，破坏最剧烈而影响最深远的是毁林毁草陡坡垦种和毁林毁草作燃料（王万忠等，1998）。

目前，黄土高原有近 60 座城市，城市市区（含城区与郊区，不含郊县）近 9 万 km²，其中建成区 2000km² 左右；城市化对侵蚀环境带来了巨大的负面影响，主要有：城市基本建设使松散堆积物大量增加，各种工业固体废弃物及生活垃圾的随意堆放，大量排放未经处理的污水，城市坚实下垫面增加地表径流和水动力，城市化使近郊区耕垦指数增大、植被覆盖度减小，城市化使地质地貌灾害增多，强化了侵蚀环境，促进了土壤侵蚀等（焦菊英等，1998；2004）。

黄土高原严重的土壤侵蚀现状是本区域最严重的生态问题，是区域生态安全的最主要威胁，在很大程度上影响和制约了区域城镇的发展。长期以来，土壤侵蚀造成耕地土壤肥力水平的低下，黄土高原地区大部分耕地资源属于贫瘠的低产田，限制了区域农业的发展水平及发展速度，是黄土高原广大农村地区社会经济落后而且发展缓慢的重要原因。原始落后而且发展缓慢的农村经济则进一步形成区域城市化发展的最大障碍性因素。黄土高原地区现有的城镇中，很大一部分属于功能单一、污染严重的工矿业城市，因此城市规模不大，城市扩展缓慢，而且其空间分布和发展严重依赖于区域矿产资源的空间分布和储量等因素。这些特征也反映了黄土高原地区农村经济落后对城市化发展的制约作用。

虽然城市化发展会造成一定的土壤侵蚀，并加剧黄土高原地区的水土流失，但是城镇化是区域经济发展的原动力和直接结果，其趋势是不可阻挡的，特别是随着西部大开发战略的逐渐深入实施，黄土高原地区城镇发展的步伐在逐渐加快、加大。结合区域生态环境建设和社会经济发展的目标，对区域城镇发展进行合理规划的过程中，协调土壤侵蚀与城镇发展的关系是必不可少的。一方面，应该鼓励小城镇的发展，合理布局小城镇，适当控制城镇个体的规模，抑制大城市的膨胀。小城镇的发展将促进农村人口的城市化，使得人口逐渐集中，从而大范围降低人类活动所致的土壤侵蚀水平，减少水土流失的数量。另一方面，在城镇发展的过程中，严格控制各种工程建设（如公路、铁路、工矿、建筑等）所造成的城镇土壤侵蚀问题，降低城镇水土流失的程度。

5.5　西南岩溶地区城镇发展与生态环境问题

西南岩溶地区主要分布在滇、黔、桂、湘、川、鄂、渝、粤八个省（区、市），面积约 74 万 km^2，是全球碳酸盐岩集中分布的三大区之一（欧洲地中海沿岸、美国东部和中国西南部）。按照岩性可以进一步划分为黔南、桂西厚层碳酸盐岩区，黔东北、重庆、湘鄂西碳酸盐岩与非可溶岩间夹区，湘中、桂粤北、桂中覆盖型岩溶区，川南埋藏型岩溶区以及滇东断陷盆地岩溶区。这里位于长江、珠江分水岭地区，集"老、少、边、山、穷"问题于一处。该地区"土在楼上，水在楼下"（土地在各级高原面上，水在地下河及峡谷中）的水土资源不配套的基本格局，以及可溶岩造壤能力低、地下岩溶发育造成水源漏失等原因，导致生态脆弱，贫困人口面大，成为干旱缺水、石漠化严重、居民贫困的环境脆弱区。目前有 1700 万人饮水困难，1 亿多亩耕地缺乏灌溉用水，1000 多万贫困人口，10.5 万 km^2 的石漠化面积。本区的主要生态环境问题有以下三个方面。

1. 水土流失

水源漏失、深埋，耕地瘠薄且少而分散，土地生产效率低。"地下水滚滚流，地表水贵如油"，地表植被由于缺水成活率低，人畜饮水困难。岩溶地区土层一般只有 20～30cm 厚，且连续性差，多分布于石缝或岩溶裂隙中。滇、黔、桂三省区岩溶县（岩溶面积大于 30% 的县）人均耕地只有 0.9 亩，坡耕地占 70%，其中 25°以上的坡耕地约占 20%，50% 以上的耕地面积为中低产田。常常是"一碗泥巴一碗饭"，亩产约 151kg，大大低于全国平均水平。树木胸径的年生长速度约 4mm，大大低于类似环境的非岩溶区，生态效率极低。在人口和土地资源的压力下，这里水土流失十分严重。如贵州省年流失表土近亿吨，其中 5800 万 t 泥沙通过河流外泄。因此，这一地区成为长江、珠江防洪体系中生态建设的重点地区之一（田超等，2008）。

2. 石漠化

石漠化是我国南方湿润石灰岩岩溶地区特有的、在脆弱的喀斯特地貌上形成的一种荒漠化生态现象，是一种岩石裸露的土地退化过程。滇黔桂三个省区是西南岩溶区石漠化的重点区，石漠化面积约 6.79 万 km²，占三个省区总面积的 18.1%，并且石漠化仍在进一步加剧。在黔南、桂西 1.6 万 km² 的范围内，岩石裸露率大于 70% 的严重石漠化区域的面积，近 10 年来以每年 91.4km² 的速度增加。水土流失加上可溶岩造壤能力低，已使石漠化状况不断恶化。据遥感资料，在 20 世纪末，岩石裸露率大于 30% 的石漠化地区有10.04 万 km²，而岩石裸露率大于 50% 的石漠化地区达 7.55 万 km²。石漠化发展最直接的后果就是土地资源的丧失。由于石漠化地区植被不能很好涵养水源，往往伴随着严重的人畜饮水困难。水土资源不断流失呈现的"石漠化"现象，不仅恶化了农业生产条件和生态环境，而且大片地区无水、无土，以致失去了人类生存的基本条件。对于居住在该地区的几千万人口来说，正在实施的几十万人的"生态移民"工程只能是"杯水车薪"。因此，党中央国务院在"十五"计划中，把"推进黔、滇、桂岩溶地区石漠化综合治理"列为国家目标。为了加大喀斯特石漠化的综合治理，国家发改委 2004 年 8 月下发了石漠化综合治理的指导意见，提出了五人工程措施，即生态修复工程、基本农田建设工程、岩溶水开发利用工程、农村能源工程及生态移民工程（李阳兵等，2002；王昕亚等，2006）。

3. 岩溶塌陷及旱涝灾害

长江上游成渝经济带及南贵昆经济带位于我国灾害多发区。自然灾害是这个重点地带经济建设重要的限制因素。既有大气因素诱发的灾害（洪涝、旱灾、风暴潮、低温寒害），又有岩石圈因素灾害（地震等）。在两大因素的叠加下，大面积山地灾害威胁很大。成渝经济带的中南段主要是旱、洪灾，重庆沿江段主要是山地灾害和气象灾害，云贵高原主要灾害是岩溶塌陷危害和干旱影响，北海钦防及桂柳地区主要受风暴潮及洪涝的影响。另外，西南的主要交通线、水能开发点都受地震和山地灾害的严重危害，包括岩溶塌陷对于城市发展和交通线及地震、泥石流等灾害对水利工程建设、运营的影响等。

地面塌陷是隐伏的岩溶洞穴，在第四纪土层覆盖以后，在自然或人为活动的作用下产生的塌陷现象。地面塌陷有岩溶塌陷和非岩溶塌陷两种。截至 1999 年统计，全国有 24 个省发现岩溶塌陷，其中以桂、湘、川、赣、滇、鄂等省最为发育；25 个城市有岩溶塌陷发育，其中包括贵阳、昆明省会城市。岩溶塌陷点达 800 处以上，塌陷坑总数超过 3 万个，给建筑物和生命线工程造成了严重威胁。旱涝灾害频繁。岩溶平原和盆地是岩溶区主要的耕地。在降水偏少年份或旱季，耕地无水灌溉，形成大面积旱片。如桂中旱片，耕地面积 83 万亩，全部为中低产田。类似的旱片在云南的蒙自、湘中等地也有分布。在降水偏多年份或雨季，岩溶洼地、岩溶盆地常常因发生洪涝灾害而受淹，少则几天，多则几个月，最长的达一年多，造成巨大的损失。长江和珠江近年来频繁发生的旱涝灾害与西南岩溶石漠化区严重的水土流失也有密切关系（曾晓燕等，2006；蔡运龙，1996）。

此外，基础设施落后及贫困既是上述因素影响的结果，也是本区今后社会经济和城市发展的制约因素。西南岩溶地区的农村，生境恶劣，天灾不断，承灾抗灾能力弱，拥有中国最多的贫困弱势人口。在西南岩溶石漠化区的 300 个县中，共有贫困县 153 个。全国碳酸盐岩区的贫困人口，也主要集中在西南岩溶山区。西南岩溶山区农民人均纯收入远低于非岩溶区农民的人均水平。如广西岩溶石漠化区 20 多个县 1998 年人均财政收入仅为 165 元，只有广西同期平均值 399 元的 41.35%。"八七"扶贫攻坚计划以后，西南岩溶石漠化区还有约 1000 万人没有越过温饱线，800 万人的饮水问题没有解决。而且，在已经脱贫的人口中，返贫现象很突出。其主要原因是自然环境恶劣，石漠化不但没有得到遏制，而且还呈加剧的趋势，使赖以生产、生活的水土资源和人地关系等处于恶性循环之中（陈从喜，1999）。

第6章 结 论

中国的自然地理环境和社会经济 50 年发展所形成的现有城市、铁路、道路、沿海港口、重工业基地等的空间分布和布局情况，都直接影响和作用着中国城市空间分布和未来发展方向，中国经济发展所基本沿循的"点—轴"式空间扩散经济发展模式，是形成和导致城市及城镇空间格局的直接原因；这种作用是在大的气候、气象和地形、地貌、环境格局下，影响和作用城市未来的布局和发展趋势。

城市作为人类生活居住和发展的场所，其布局发展必须在水源、交通、气候、地形地貌适宜的地区，同时，城市的发展更离不开一个地区的经济发展大背景，潜在城市的发展是以区域的现有经济基础、交通基础、人口状况等为基本条件进一步拓展。为了深入分析地理因素对中国城镇布局的影响，利用和保护我国有限的土地资源和利用土地后备资源，同时找出现有城镇布局中的潜在限制地理因了，为新的城镇布局及发展提供借鉴，本书提出了基于遥感和 GIS 技术的城市发展适宜性评价方法：利用标准化的多指标空间栅格数据，根据不同指标对城镇布局的影响程度建立了各指标对城镇布局适宜性影响的评价标准，并在 GIS 软件的支持下，对各地理因素对城镇布局的适宜性影响进行了评价和综合分析，为中国未来城镇的发展及空间布局的选择提供科学的依据和策略。

根据对城镇布局发展的地理因素评价综合分析，结合现有城镇布局和建设用地分布，计算出中国现有城镇布局分布区，约占国土面积的 0.81% 和中国未来城市发展最优先使用的区域，约占全国总面积的 4.57%。根据上面的评价，中国未来城市发展布局的地区主要分布在中国的东部沿海经济发达地区，这些地区交通基础设施好，人口密集，劳动力丰富，城市发展的相对运输成本低，又不受气候和地形要素的限制，同原有城镇经济紧密相连，是中国未来城镇发展最优先使用的区域。中部和西部地区，城市发展的潜在后备用地也有一定程度的分布，主要集中在河西走廊、河套平原、汉中盆地、四川盆地、天山南北的河流冲积扇的绿洲等区域。

参 考 文 献

安七一. 2000. 中国西部概览——西藏. 北京：民族出版社：127-129

北京市水务局. 2006. 北京市 2005 年水资源公报. http：//wenku. baidu. com/view/2a46ed80e53a580216fcfe58. html［2011-7-28］

蔡洋，胡宝民，霍胜泽. 2002. 新经济条件下的京津冀区域合作研究. 工业技术经济，4：24-27

蔡运龙. 1996. 中国西南岩溶石山贫困地区的生态重建. 地球科学进展，6：89-91

陈从喜. 1999. 我国西南岩溶石山地区地质——生态环境与治理. 中国地质，4：21-23

陈建华，魏百刚，苏大学，等. 2004. 农牧交错带可持续发展战略与对策. 北京：化学工业出版社

陈月英，刘云刚. 2001. 闽东南城市群发展现状与对策研究. 经济地理，3：319-323

陈忠祥，李莉. 2005. 行政区划变动与城市群结构变化研究——以宁夏中北部城市群为例. 人文地理，5：51-55

程英. 2000. 京津冀水资源问题决策迫在眉睫. 北京观察，11：60-62

党连文. 2007. 加强水土流失综合防治 保护东北黑土地承载能力. 中国水利，16：1-3

董晓峰，何新胜. 2004. 西北地区城市化推进的途径研究. 经济地理，2：78-80

杜绍敏，孙晓明，王颖. 2008. 三江平原水环境变化原因及分析//赵惠新，戴长雷. 2009. 寒区水资源研究. 哈尔滨：黑龙江大学出版社

段汉明. 2001. 西北地区城市发展的问题与对策. 西北大学学报（自然科学版），5：26-28

方创琳，宋吉涛，张蔷，等. 2005. 中国城市群结构体系的组成与空间分异格局. 地理学报，60（5）：827-838

丰志勇，石培基，曾刚. 2005. 兰州都市圈城镇体系发展战略研究. 干旱区资源与环境，6：1-7

封志明，刘登伟. 2006. 京津冀地区水资源供需平衡及其水资源承载力. 自然资源学报，21（5）：689-698

冯德显，贾晶，杨延哲，等. 2003. 中原城市群一体化发展战略构想. 地域研究与开发，6：43-48

傅小锋. 2000. 青藏高原城镇化及其动力机制分析. 自然资源学报，15（4）：369-374

盖文启. 2000. 我国沿海地区城市群可持续发展问题探析：以山东半岛城市群为例. 地理科学，3：274-278

高前兆，李小雁. 2002. 水资源危机. 北京：化学工业出版社

高晓清，黄刚. 2006. 曲迎乐南水北调背景下华北水资源的优化调配. 气候与环境研究，11（3）：335-338

高云才. 2006-11-27. 全国四百多城市缺水. 人民日报，第 4 版

顾朝林. 2010. 中国城市化空间及其形成机制. 中国发展报告 2010 背景报告

国家发展和改革委员会东北振兴司. 2011. 东北三省 2010 年经济形势分析报告. http：//www. chinaeast. gov. cn/2011-03/18/c_ 13785513. htm［2011-9-2］

国家发展和改革委员会地区经济司. 2011. 京津冀都市圈区域规划研究报告. 北京：科学技术文献出版社

国家环境保护总局. 2007. 2001~2005 年全国环境质量报告书. 北京：国家环境保护总局

国家统计局. 2011. 2010 年国民经济和社会发展统计公报. 北京：中国统计出版社

国家统计局城市社会经济调查司. 2010. 2009 中国城市统计年鉴. 北京：中国统计出版社

国家统计局人口和社会科技统计司. 2000. 2000 中国人口统计年鉴. 北京：中国统计出版社

何骏. 2008. 长三角城市群产业发展的战略定位研究. 南京社会科学，5：8-12

何希吾. 2000. 水资源承载力//孙鸿烈. 2000. 中国资源百科全书. 北京：中国大百科全书出版社、石油大学出版社

179

河北省水文局 . 2006. 2005 年河北省水资源公报 . http：//www. hbsw. net/news/shuiwenjishu/20081223/081223161D255J51I4E4B9F1IG4A. html［2010-5-14］

胡永科 . 2000. 中国西部概览——青海 . 北京：民族出版社

户作亮 . 2007. 浅谈京津冀都市圈区域水资源战略 . 中国水利，9：78，79

惠泱河，蒋晓辉，黄强，等 . 2000. 水资源承载力评价指标体系研究 . 水土保持通报，21（1）：30-34

蒋鸣，吴泽宇，曹正浩 . 2007. 滇中水资源规划思路 . 人民长江，11：6-9

焦菊英，马祥华，王飞，等 . 2004. 渭河流域侵蚀产沙强度的区域分异特征 . 水土保持研究，4：27-29

焦菊英，王万忠，郝小品 . 1998. 黄土高原侵蚀产沙的年际变化特征 . 水土保持通报，2：63-65

李兵弟 . 2004. 关于城乡统筹发展方面的认识与思考 . 城市规划 . 6：9-19

李博，田超，靳取 . 2009. 关于构建黔中城市群的一些思考 . 北京城市学院学报，4：13-19

李苍绵 . 2007. 河北年鉴（2006）. 石家庄：河北年鉴社

李长伟 . 2005. 北京西北部周边地区地质环境综合调查的意义 . 北京地质，2：18-20

李广信 . 2005. 山西省煤炭开采环境污染和生态破坏补偿政策研究［专题报告］

李灏，冯百侠，王宏剑 . 2007. 京津冀都市圈经济一体化障碍因素 . 河北理工大学学报（社会科学版），7（1）：129-133

李惠敏，霍家明，于卉 . 2000. 海河流域水污染现状与水资源质量状况综合评价 . 水资源保护，4：31，32

李阳兵，侯建筠，谢德体 . 2002. 中国西南岩溶生态研究进展 . 地理科学，3：71，72

梁本凡 . 2006. 淮河流域水污染治理与措施创新 . 水资源保护，3：84-87

刘成武，李秀彬 . 2006. 对中国农地边际化现象的诊断——以三大粮食作物生产的平均状况为例 . 地理研究，5：90，91

刘桂环，张惠远，万军，等 . 2006. 京津冀北流域生态补偿机制初探 . 中国人口、资源与环境，4：12，14

刘纪远，刘明亮，庄大方，等 . 2002. 中国近期土地利用变化的空间格局分析 . 中国科学（地球科学），12：671-677

刘纪远，张增祥，徐新良，等 . 2009. 21 世纪初中国土地利用变化的空间格局与驱动力分析 . 地理学报，12：121-124

刘瑞民，沈珍瑶 . 2006. 大宁河流域生态环境综合评价及其演变 . 北京师范大学学报（自然科学版），2：34-38

刘晓洁，沈镭 . 2006. 资源节约型社会综合评价指标体系研究 . 自然资源学报，21（5）：383-390

刘兴土 . 2003. 松嫩平原西部生态保育策略探讨 . 农业系统科学与综合研究，4：23-28

吕传赞 . 2000. 合理开发利用京津冀水资源 . 乡音，4：43-45

麻新平 . 2008. 京津冀水资源合作现状及路径选择 . 经济论坛，22：239-247

马壮行 . 2000. 黄河流域生态环境变迁 . 科学之友，12：9-14

蒲欣冬，陈怀录，魏立军 . 2003. 河西走廊城镇群体的空间分形研究 . 城市发展研究，1：29-32

秦莉云，金忠青 . 2001. 淮河流域水资源承载能力的评价分析 . 水文，3：14-17

山东省水利厅 . 2008. 2006 年山东省水资源公报 . http：//www. sdwr. gov. cn/sdsl/pub/cms/1/2092/2123/487/10053. html［2010-5-29］

沈金金，徐海龙，李绍明 . 2007-3-8. 城市水资源的可持续利用研究工作研究 . 建筑时报，第 8 版

沈阳市水利局 . 2002-03-21. 沈阳市水资源公报 . 沈阳日报，第 7 版

盛广耀 . 2003. 青藏地区城镇开发方向 . 地域研究与开发，22（6）：40-43

水利部 . 2006. 2005 年中国水资源公报 . 北京：中国水利水电出版社

宋华岭，金智新，耿殿明，等．2005．论我国煤炭储备与供应国际化延伸战略．中国软科学，3：18-23

宋素青，高伟明，王卫．2003．河北省海洋资源比较优势研究．国土与自然资源研究，1：24，25

苏志珠，马义娟，刘梅．2003．中国北方农牧交错带形成之探讨．山西大学学报（自然科学版），26（3）：269-273

孙继敏，刘东生．2001．中国东北黑土地的荒漠化危机．第四纪研究，21（1）：72-77

孙维侠，史学正，于东升，等．2004．我国东北地区土壤有机碳密度和储量的估算研究．土壤学报，2：298-300

谭炳卿，吴培任，宋国君．2005．论淮河流域水污染及其防治．水资源保护，6：4-10

谭浩．2006．北京年鉴（2005）．北京：北京年鉴社

唐旗．2006．天津区县年鉴（2005）．天津：天津社会科学院出版社

陶文东，安筱鹏．2004．我国城市群协调发展的基本态势与调控思路．国土与自然资源研究，3：5-7

天津市国土资源和房屋管理局．2010．天津市土地利用情况．http：//www.mlr.gov.cn/tdsc/tdly/201003/t20100330_143413.htm［2010-5-21］

天津市水务局．2009.2005天津市年水资源公报．http：//www.tjzfxxgk.gov.cn/tjep/ConInfoParticular.jsp?id=18103［2010-5-23］

田超，王米道，王家嘉．2008．土壤有机质与水土流失相关性研究．安徽农学通报，19：211-215

汪斌，程绪水．2001．淮河流域的水资源保护与水污染防治．水资源保护，3：1-3

汪一鸣．2004．论银川城镇群的形成和发展．经济地理，1：57-61

王春梅，王金达，刘景双，等．2003．东北地区森林资源生态风险评价研究．应用生态学报，14（6）：863-866

王东．2009．十年风雨路 治污新起点——淮河流域水污染防治规划解读．环境保护，1：59，60

王浩，王建华，秦大庸．2002．现代水资源评价及水资源学学科体系研究，17（1）：11-17

王何，白庆华．2003．我国三大都市圈发展比较研究．特区经济，6：21-23

王华．2003．城市水资源可持续利用综合评价——以南京市为例．南京农业大学学报，26（2）：59-62

王金南，万军，沈渭寿，等．2006．山西省煤炭资源开发生态补偿机制研究//庄国泰，王金南．2006．生态补偿机制与政策设计国际研讨会论文集．北京：中国环境科学出版社

王静爱，苏筠，刘目兴．2003．渤海海冰作为淡水资源的开发利用与区域可持续发展．北京师范大学学报，3：7-10

王静爱，徐霞，刘培芳．1999．中国北方农牧交错带土地利用与人口负荷研究．资源科学，21（5）：19-24

王敏，杨朝宇．2006．北京能源消耗与经济发展分析报告．数据，9：35-37

王明浩，翟毅，刘玉娜．2005．京津冀经济区的研究．城市研究，1：9-12

王培青．2002．内蒙古区域经济发展探讨．集宁师专学报，24（3）：40-43

王树功，周永章．2002．大城市群（圈）资源环境一体化与区域可持续发展研究——以珠江三角洲城市群为例．中国人口资源与环境，3：52-57

王思远，黄裕婕，陈志祥．2005．黄河流域退耕还林还草的遥感研究．清华大学学报（自然科学版），3：52-54

王思远，王光谦，陈志祥．2004．黄河流域生态环境综合评价及其演变．山地学报，2：28-31

王思远，王光谦，陈志祥．2005．黄河流域土地利用与土壤侵蚀的耦合关系．自然灾害学报，1：67-69

王万忠，焦菊英．2002．黄土高原侵蚀产沙强度的时空变化特征．地理学报，2：17，18

王昕亚，王建力，胡蓉，等．2006．西南岩溶地区生态退化及重建．安徽农业科学，12：189-192

王义民，万年庆．2003．黄河流域生态环境变迁的主导因素分析．信阳师范学院学报（自然科学版），4：

12-16

王月霄，张素娟，张海燕，等．2001．河北省海洋资源开发利用的问题与对策．地理学与国土研究，4：11-14

韦艳南．2007．城市群空间分析与西部重点城市群发展研究．成都：西南财经大学博士论文

邬文艳．2009．呼包鄂城市群空间结构及其演化机制．呼和浩特：内蒙古师范大学硕士论文

吴丽丽．2005．成德绵城市带战略规划研究．成都：西南交通大学硕士论文

吴佩林，王学真，高峰．2007．山东半岛城市群水资源与水环境问题及对策．辽宁工程技术大学学报（自然科学版），4：614-617

伍世代，王强．2008．中国东南沿海区域经济差异及经济增长因素分析．地理学报，2：123-134

武小惠．2007．构建太原经济圈增强城镇承载和辐射带动力．前进，1：35，36

夏军，黄浩．2006．海河流域水污染及水资源短缺对经济发展的影响．资源科学，28（2）：2-7

徐长山，任立新．2004．京津冀、"长三角"、"珠三角"经济圈之比较．城乡发展，9：1-4

徐晓霞，王发曾．2003．中原城市群的功能联系与结构的有序升级．河南大学学报（自然科学版），2：88-92

薛东前，姚士谋．2000．关中城市群的功能联系与结构优化．经济地理，6：52-55

余卫东，闵庆文，李湘阁．2003．水资源承载力研究的进展与展望．干旱区研究，20（1）：60-65

袁嘉祖，张学培．2001．三北地区淡水资源可持续利用研究．北京：中国林业出版社

曾晓燕，牟瑞芳，许顺国．2006．岩溶生态脆弱性研究．环境科学与管理，1：39-41

张广威，漆哈东．2003．京津都市圈经济一体化发展思考．区域经济，10：17-19

张可云．2004．京津冀都市圈合作思路与政府作用重点研究．地理与地理信息科学，20（4）：61-65

张万托，常健．2005．天津市能源供需形势分析及对策措施．资源节约与环保，2：21-25

张文忠．2006．京津冀都市圈产业发展类型划分与发展方向．科技导报，24（11）：234-239

张岳．2000．中国水资源与可持续发展．南宁：广西科学技术出版社

章国兴．1999．试论重庆中心城市群网络系统的构建．重庆工业管理学院学报，1：33-36

赵哈林，赵学勇，张铜会，等．2002．北方农牧交错带的地理界定及其生态问题．地球科学进展，17（5）：739-747

赵海东．2007．资源型产业集群实现循环经济发展模式的路径选择——以内蒙古自治区为例．广播电视大学学报（哲学社会科学版），2：87-91

赵珂，饶懿，王丽丽，等．2004．西南地区生态脆弱性评价研究——以云南、贵州为例．地质灾害与环境保护，2：12-13

赵明华．2006．水资源约束下的山东半岛经济与环境协调状态定量评价研究．中国人口资源与环境，3：119-123

赵松乔．1953．察北、察盟及锡盟——一个农牧过渡地区经济地理调查．地理学报，19（1）：43-60

赵松乔．1991．内蒙古东、中部半干旱区一个危急带日环境变迁．干旱区资源与环境，5（2）：1-91

赵雪雁，周健，王录仓．2005．西北地区城市化战略环境评价研究．干旱区资源与环境，5：59-61

赵永宏．2008．河北省海洋经济产业特征分析与持续发展对策．大连：辽宁师范大学硕士学位论文

郑连生，于亚博．2007．京津冀遭遇水危机．领导之友，6：25，26

郑连生．2004．京津冀水资源供需状况和战略对策．水科学与工程技术，6：27-29

郑易生，阎林，钱薏红．2000.90年代中期中国环境污染经济损失估算的报告．管理世界，2：189-207

郑宇，冯德显．2000．城市化进程中水土资源可持续利用分析．地理科学进展，21：8-10

中国科学院可持续发展战略研究组．2005．中国城市发展的战略选择．北京：科学出版社

周国华，朱翔．2001．试论长株潭城市群开发区群体一体化发展．城市规划汇刊，3：47-50

周立三，吴传钧，赵松乔，等 . 1958. 甘青农牧交错地区农业区划初步研究 . 北京：科学出版社

周启星 . 2002. 从第二届水资源论坛看辽宁的水资源危机及对策 . 生态学杂志，21（2）：36-39

朱英明 . 2001. 我国城市群区域联系发展趋势 . 城市问题，6：12-16

朱震达，刘恕，杨有林 . 1984. 试论中国北方农牧交错地区沙漠化土地整治的可能性和现实性 . 中国科学，4（3）：197-205

Aly M H, Giardino J R, Klein A G. 2005. Suitability assessment for new minia city, egypt：a GIS approach to engineering geology. Environ Eng Geosci, 3：259-269

Collins M G, Steiner F R, Rushman M J. 2001. Land-use suitability analysis in the united states：historical development and promising technological achievements. Environ Manag, 28（5）：611-621

Mohammad A M, Mohammad M A. 2006. Integrating GIS and AHP for land suitability analysis for urban development in a secondary city of bangladesh. Alam Bina, 8：1-19

Saaty T L. 1990. How to make a decision：the analytic hierarchy process. European Journal of Operational Research, 48（1）：9-26

Saaty T L. 2003. Decision making with AHP：why is the principle eigenvector necessary. European Journal of Operational Research, 145：85-91

Verburg P H, Veldkamp A, Fresco L O. 1999. Simulation of changes in the spatial pattern of land use in China. Appl Geogr, 19：211-233